annabrevet

SUJETS et CORRIGÉS 2015

Mathématiques

Bernard Demeillers

Achevé d'imprimer
Par Maury imprimeur à Malesherbes - France
Dépôt légal 98085-5/01 - Août 2014

IMPRIM'VERT
votre imprimeur agit pour l'environnement

PAPIER À BASE DE FIBRES CERTIFIÉES

Hatier s'engage pour l'environnement en réduisant l'empreinte carbone de ses livres. Celle de cet exemplaire est de :
400 g éq. CO_2
Rendez-vous sur www.hatier-durable.fr

Hatier

ISSN 1168-3791 ISBN 978-2-218-98085-5

Annabrevet, mode d'emploi

Que contient cet Annabrevet ?

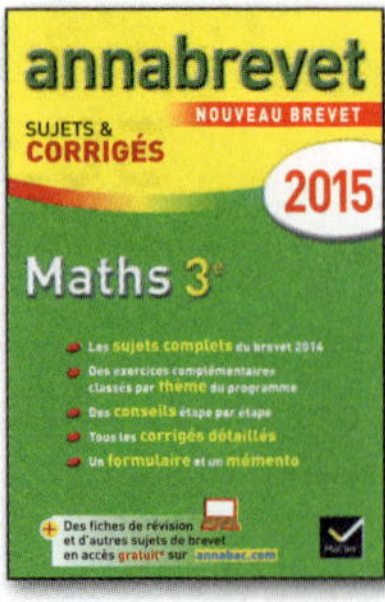

Tous les outils nécessaires pour se préparer de manière efficace à l'épreuve de mathématiques du brevet 2015.

En premier lieu des sujets corrigés tombés lors des épreuves du brevet 2014, mais également :

– des sujets complémentaires ;
– des conseils de méthode ;
– les repères clés du programme.

▶ Une large sélection de sujets d'écrit

L'ouvrage comprend les sujets de la dernière session et une base importante d'exercices complémentaires pour se préparer au brevet et faciliter l'entrée en seconde. Tous les thèmes du programme sont ainsi couverts de manière exhaustive. La mention « socle commun » indique aux élèves de la série professionnelle les exercices sur lesquels s'entraîner en priorité.

▶ Comment les sujets sont-ils traités ?

L'auteur de cet ouvrage a eu à cœur de vous aider à comprendre comment bien interpréter un sujet et « fabriquer » une bonne copie. C'est pourquoi il a associé à chaque énoncé :

– une explication du sujet et des aides pour construire la réponse (rubrique « Les clés du sujet ») ;
– un corrigé clairement structuré, avec des conseils et des commentaires quand c'est nécessaire.

Comment utiliser l'ouvrage ?

▶ À l'aide du sommaire

Dès le mois de décembre, à l'occasion d'un contrôle ou d'un examen blanc, n'hésitez pas à vous familiariser avec les types d'exercices proposés au brevet en traitant ceux correspondant aux thèmes du programme à réviser. Le sommaire vous aidera à les sélectionner.

Travaillez-les le plus possible, dans un premier temps, avec la seule aide des « Clés du sujet » ; puis confrontez ce que vous avez fait avec le corrigé proposé.

▶ À l'aide du planning de révisions

La date de l'examen se rapproche. Grâce à la rubrique « Votre planning de révisions », choisissez, en fonction du temps qui vous reste, les sujets qui vous permettront d'aborder l'épreuve dans les meilleures conditions possible.

Et l'offre privilège sur annabac.com ?

L'achat de cet ouvrage vous permet de bénéficier, d'un accès gratuit* aux ressources d'annabac.com : fiches de cours, podcasts, quiz interactifs, exercices, sujets d'annales…

Pour profiter de cette offre, rendez-vous sur www.annabac.com, dans la rubrique « Vous avez acheté un ouvrage Hatier ? ». La saisie d'un mot clé du livre (lors de votre première visite) vous permet d'activer votre compte personnel.

* Selon conditions précisées sur www.annabac.com.

Qui a fait cet Annabrevet ?

▶ L'ouvrage a été écrit par un enseignant de mathématiques : Bernard Demeillers.

▶ Les contenus fournis ont été mis en forme par une équipe composée de plusieurs intervenants :
- des éditeurs : Anne Peeters, Grégoire Thorel et Benoît Dessalles, assistés de Jessica Degousée et de Guillaume Scifo ;
- un correcteur : Jean-Marc Cheminée ;
- des graphistes : Tout pour plaire et Dany Mourain ;
- des maquettistes : Hatier et Dany Mourain ;
- un dessinateur : STDI ;
- une illustratrice : Juliette Baily ;
- un compositeur : STDI.

SOMMAIRE

I. L'épreuve en 12 questions-réponses

II. 71 sujets expliqués et corrigés

Sujets complets de la session 2014

Les pages indiquées sont celles des énoncés. Pour chaque sujet complet, les corrigés se trouvent après l'ensemble des énoncés.

Exercices de brevet classés par thèmes

Votre planning de révisions

J – 30 à J – 15

Vous débutez vos révisions un mois avant l'épreuve.

Traitez un exercice par thème clé

N°	Thème du programme
9	Calcul numérique
30	Triangle rectangle, trigonométrie
33	Configuration de Thalès
45	Géométrie dans l'espace
58	Notion de fonction
63	Statistiques
70	Probabilités

Vous débutez vos révisions deux semaines avant l'épreuve.

Révisez dans des conditions optimales !

▶ **Avant tout, organisez-vous**

Sur une grande feuille, construisez un tableau, avec : à l'horizontale, les plages de révision qui vous restent et, à la verticale, les différentes matières à réviser. Associez à chaque case un contenu.

▶ **Mettez-vous dans les conditions de l'examen**

Dans les dernières semaines de révisions, il est très important de « plancher » sur de vrais sujets. Essayez de travailler par tranches d'au moins une heure, sans pause.

▶ **Travaillez en équipe**

Vous pouvez aussi organiser des séances de révisions avec des amis, afin de partager vos connaissances et vos techniques de travail, et vous soutenir le moral.

Bonne chance !

J – 15 à J – 7	J – 7 à J

Consolidez vos méthodes

N°	Point de méthode
47	Répondre à un QCM
24	Modéliser une situation à l'aide d'un système
21	Modéliser une situation à l'aide d'une fonction
37	Utiliser la propriété directe ou sa réciproque
57	Effectuer des lectures graphiques
69	Construire un arbre de probabilités

Dernière ligne droite

- Vous maîtrisez désormais les connaissances et les méthodes nécessaires pour réussir.
- Complétez vos révisions avec ce sujet représentatif :

N°	7

Parcourez le programme

N°	Thème du programme
11	Calcul numérique
19	Écritures littérales
17	Développement, factorisation
49	Aires et volumes
53	Grandeurs et mesures
60	Fonction linéaire, fonction affine

Dernière ligne droite

- Vous avez revu les grands thèmes du programme.
- Entraînez-vous désormais sur ces 2 sujets représentatifs :

N°	3 4

Vous débutez vos révisions une semaine avant l'épreuve.

Droit au but !

- Plus qu'une semaine, il va falloir mettre les bouchées doubles !
- Travaillez sur ces 2 sujets dans les conditions de l'examen, en ne lisant le corrigé qu'après avoir traité le sujet au brouillon :

N°	1 6

I. L'épreuve en 12 questions-réponses

Le programme

1. Quel est le programme de mathématiques en classe de troisième ?

Le programme de mathématiques en classe de 3ᵉ, appliqué depuis la rentrée 2012, est défini dans le *Bulletin officiel spécial* n° 6 du 28 août 2008.

De plus, le « socle commun de connaissances et de compétences » représente ce que tous les élèves doivent savoir et maîtriser à la fin de la scolarité obligatoire.

Les parties du programme notées en italique ne sont pas exigibles dans le cadre du socle commun.

I. Organisation et gestion de données. Fonctions
1. Notion de fonction *Image, antécédent et notations $f(x)$, $x \mapsto f(x)$* **2. Fonction linéaire, *fonction affine*** ▶ Proportionnalité ▶ Fonction linéaire *Coefficient directeur de la droite représentant une fonction linéaire* ▶ *Fonction affine* *Coefficient directeur et ordonnée à l'origine d'une droite représentant une fonction affine* **3. Statistique** ▶ Caractéristiques de position ▶ *Approche de caractéristiques de dispersion* **4. Notions de probabilités**
II. Nombres et calculs
1. Nombres entiers et rationnels ▶ Diviseurs communs à deux entiers, PGCD ▶ Fractions irréductibles ▶ Opérations sur les nombres relatifs en écriture fractionnaire **2. Calculs élémentaires sur les radicaux** ▶ Racine carrée d'un nombre positif ▶ *Produit et quotient de deux radicaux* **3. Écritures littérales** ▶ Puissances ▶ *Factorisation* ▶ Identités remarquables ***4. Équations et inéquations du premier degré*** ▶ *Problèmes du premier degré :* *– inéquation du premier degré à une inconnue* *– système de deux équations à deux inconnues* ▶ *Problèmes se ramenant au premier degré : équations produits*

III. Géométrie
1. Figures planes ▶ Triangle rectangle, *relations trigonométriques* ▶ Configuration de Thalès ▶ Agrandissement et réduction ▶ *Angle inscrit, angle au centre* ▶ Polygones réguliers **2. Configurations dans l'espace** ▶ Problèmes de sections planes de solides ▶ Sphère, centre, rayon ▶ Sections planes d'une sphère
IV. Grandeurs et mesures
1. Aires et volumes ▶ Calculs d'aires et de volumes ▶ Effet d'une réduction ou d'un agrandissement **2. Grandeurs composées, changement d'unités** ▶ Vitesse moyenne

2. Quels savoirs dois-je maîtriser en fin de classe de troisième ?

À la fin de la classe de troisième, vous devez maîtriser plusieurs types de savoirs :

– dans le domaine des **nombres et du calcul** : calcul numérique (nombres entiers, décimaux et fractionnaires, relatifs ou non, proportionnalité) et premiers éléments de calcul littéral ;

– dans le domaine de l'**organisation et la gestion de données** : premiers éléments de base en statistique descriptive et en probabilité ;

– dans le domaine **géométrique** : figures de base et propriétés de configurations du plan et de l'espace ;

– dans le domaine des **grandeurs** et de la **mesure** : grandeurs usuelles, grandeurs composées et changements d'unités ;

– dans le domaine des **TICE** (technologies de l'information et de la communication pour l'enseignement) : utilisation d'un tableur-grapheur et d'un logiciel de construction géométrique.

L'épreuve

L'épreuve de mathématiques au brevet est définie dans le *Bulletin officiel* n° 13 du 29 mars 2012.

3. Quelles sont les modalités de l'épreuve ?

- La durée de l'épreuve est de **2 heures**.
- Il s'agit d'une épreuve **écrite**.

4. Quelle est la nature du sujet ?

- Le sujet est composé de **6** à **10 exercices indépendants** les uns des autres. Vous pouvez les traiter dans l'ordre qui vous convient.
- **Au moins un** des exercices a pour objet « **une tâche non guidée** ». Vous devez alors prendre des initiatives.
- Certaines questions peuvent prendre la forme de questionnaires à choix multiples (**QCM**), d'autres conduisent à justifier un résultat.
- Les exercices peuvent prendre appui sur des situations issues de la **vie courante** ou d'**autres disciplines**.

5. Comment l'épreuve est-elle notée ?

- L'épreuve est notée sur **40 points**. Chaque exercice est noté entre **3** et **8 points**, le total étant de **36 points**. Une note sur **4 points** est affectée à la maîtrise de la langue.
- La note attribuée à chaque exercice est indiquée dans le sujet. Il peut être indiqué, dans un énoncé, que toute trace de recherche sera prise en compte dans l'évaluation de l'exercice.

6. La calculatrice est-elle autorisée à l'examen ?

- L'emploi des calculatrices est **généralement autorisé**, dans le cadre de la réglementation en vigueur.
- Certains exercices peuvent faire un appel explicite à l'usage d'une calculatrice, dans le cadre des usages préconisés par le programme. Dans ce cas, ce point est rappelé en tête du sujet.

▶ Un conseil important

Attention ! une calculatrice ne démontre rien du tout. Elle se contente de donner un résultat numérique exact ou le plus souvent en valeur approchée.

De plus, n'attendez pas la veille de l'examen pour avoir « bien en main » cet outil précieux de calcul !

7. Quels outils et quels documents doit-on emporter pour cette épreuve ?

• Normalement, les feuilles de brouillon, les copies et, éventuellement, les feuilles de papier millimétré sont fournies à tous les candidats.

• Vous devez, personnellement, amener :
– les **outils** indispensables pour les exercices de géométrie : règle graduée, équerre, rapporteur, compas ;
– les outils nécessaires pour rédiger votre devoir : stylo, crayon à papier, crayons de couleur ;
– les outils parfois bien utiles : agrafeuse, ciseaux, colle, effaceur, gomme ;
– votre **calculatrice** en bon état de marche.

• De plus vous devez vous munir, non seulement pour l'épreuve de mathématiques mais aussi pour toutes les autres épreuves, de :
– votre **convocation** ;
– une **pièce d'identité** avec photo récente.

Nos conseils de méthode

8. Comment se préparer à l'examen ?

Que ce soit pour une compétition sportive ou pour un examen type « Diplôme national du brevet », il faut avant tout s'entraîner constamment !

• Tout d'abord apprenez régulièrement **votre cours** tout au long de l'année scolaire et ce, avant de faire des exercices d'application.

Faites éventuellement des fiches : on retient parfois mieux ce que l'on écrit.

• En plus des exercices donnés par votre professeur, travaillez **quelques sujets issus de l'Annabrevet**.

Choisissez un ou plusieurs exercices, dans le sommaire, relatifs au thème que vous souhaitez étudier.

Ne commencez surtout pas par lire la solution proposée dans l'ouvrage « Corrigés », mais essayez de trouver, par vous-même, le ou les résultats demandés.

Si vous avez trouvé une solution, comparez avec le corrigé. Si vous ne vous en sortez pas, alors voyez le corrigé (d'abord les clés du sujet puis éventuellement le corrigé détaillé lui-même).

▶ Un conseil important

Vérifiez, dans la mesure du possible, que le résultat trouvé est cohérent !
Exemples :
– Le prix d'un croissant ne peut être égal à 25 euros.
– Une vitesse de 30 km/h pour un cycliste est dans le domaine du possible.

9. Par quel(s) exercice(s) faut-il commencer ?

Lors de la lecture du sujet, il est bon de repérer rapidement les exercices qui vous semblent « faciles ». Vous pouvez alors commencer par résoudre ces exercices « au brouillon », puis vous les recopiez au fur et à mesure « au propre ».

10. Que faire dès que l'on a choisi un exercice à traiter ?

Avant de commencer toute rédaction d'un exercice ou de démarrer tout calcul, il convient de **respecter certaines règles élémentaires** pour éviter de partir sur une fausse piste.

▶ **Règle 1 :** Lire correctement **tout** l'énoncé de l'exercice.

▶ **Règle 2 :** Comprendre tout le vocabulaire rencontré dans le texte et **définir clairement la question posée**.

▶ **Règle 3 :** Regarder si l'exercice possède des **questions dépendant les unes des autres** (« exercice à tiroirs »). Alors vous trouverez dans certaines questions des éléments de réponse relatifs aux questions précédentes.

▶ **Règle 4 :** Faire immédiatement une **figure** dans le cas d'un exercice de géométrie. Vous devez ainsi rendre concret le texte proposé. Attention, le dessin doit être très clair et ne pas correspondre à un cas particulier si ce cas n'est pas envisagé dans l'énoncé. N'hésitez pas à utiliser différentes couleurs pour la composition du schéma.

11. Comment rédiger les réponses ?

• La rédaction de vos réponses doit être **claire et rigoureuse**. Il est indispensable de rappeler précisément les théorèmes que vous utilisez et de justifier leur application. Un raisonnement en mathématiques doit comprendre des enchaînements logiques et ne doit pas être une suite de lignes de calculs sans liens entre elles.

• N'oubliez pas de **mettre en évidence vos réponses** (en les encadrant par exemple) et de faire tous vos schémas et graphes sur des feuilles différentes de celles utilisées pour rédiger votre devoir.

▶ Un conseil important

La plupart du temps, une grandeur se compose de deux éléments : un nombre et une unité. N'oubliez pas alors d'indiquer l'unité !

• En fin d'ouvrage, vous trouverez :
- le formulaire du brevet ;
- le mémento des méthodes ;
- une « boîte à outils » pour les exercices de géométrie.

Ces documents sont fournis pour vous aider dans vos recherches et dans votre rédaction : n'hésitez pas à vous en servir !

12. Comment gérer les 2 heures réservées à l'épreuve de mathématiques ?

Ne vous pressez pas à tout prix : il est inutile de terminer avant l'heure. Prenez 5 minutes pour lire entièrement le sujet et 10 minutes pour relire votre copie.

▶ Un conseil important

Si un exercice vous semble « difficile », ne perdez pas trop de temps dans la recherche de sa solution. Passez à l'exercice suivant et reprenez votre recherche sur cet exercice un peu plus tard.

II. 71 sujets expliqués et corrigés

Sujet complet de France métropolitaine 2014

Indication portant sur l'ensemble du sujet. Toutes les réponses doivent être justifiées, sauf si une indication contraire est donnée.
Pour chaque question, si le travail n'est pas terminé, laisser tout de même une trace de la recherche ; elle sera prise en compte dans la notation.

Exercice 1 (5 points)
Octogone régulier

Voici un octogone régulier ABCDEFGH.

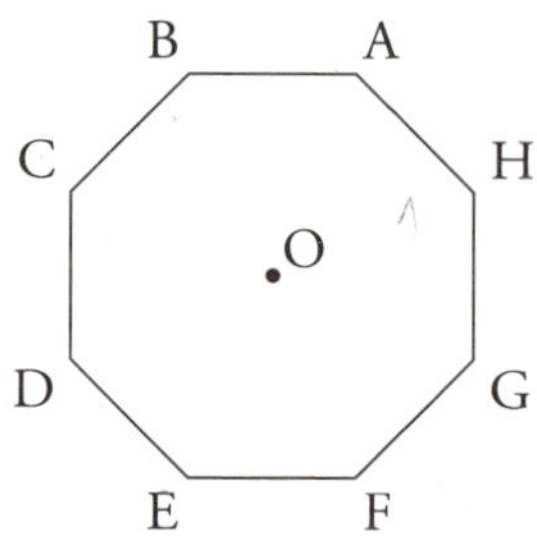

▶ **1.** Représenter un agrandissement de cet octogone en l'inscrivant dans un cercle de rayon 3 cm. Aucune justification n'est attendue pour cette construction.

▶ **2.** Démontrer que le triangle DAH est rectangle.

▶ **3.** Calculer la mesure de l'angle $\widehat{BEH}$.

Exercice 2 (6 points)
Achat de cahiers au meilleur prix

Léa a besoin de nouveaux cahiers. Pour les acheter au meilleur prix, elle étudie les offres promotionnelles de trois magasins. Dans ces trois magasins, le modèle de cahier dont elle a besoin a le même prix avant promotion.

Magasin A	Magasin B	Magasin C
Cahier à l'unité ou lot de 3 cahiers pour le prix de 2.	Pour un cahier acheté, le deuxième à moitié prix.	30 % de réduction sur chaque cahier acheté.

▶ **1.** Expliquer pourquoi le magasin C est plus intéressant si elle n'achète qu'un cahier.

▶ **2.** Quel magasin doit-elle choisir si elle veut acheter :

a) deux cahiers ?

b) trois cahiers ?

▶ **3.** La carte de fidélité du magasin C permet d'obtenir 10 % de réduction sur le ticket de caisse, y compris sur les articles ayant déjà bénéficié d'une première réduction.
Léa possède cette carte de fidélité, elle l'utilise pour acheter un cahier.
Quel pourcentage de réduction totale va-t-elle obtenir ?

■ Exercice 3 (5 points)
Programme de calcul

Voici un programme de calcul :

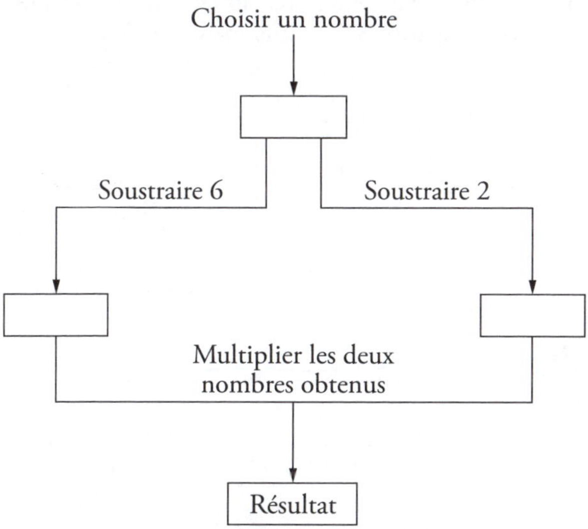

▶ **1.** Montrer que si on choisit 8 comme nombre de départ, le programme donne 12 comme résultat.

▶ **2.** Pour chacune des affirmations suivantes, indiquer si elle est vraie ou fausse. On rappelle que les réponses doivent être justifiées.
Proposition 1 : Le programme peut donner un résultat négatif.
Proposition 2 : Si on choisit $\frac{1}{2}$ comme nombre de départ, le programme donne $\frac{33}{4}$ comme résultat.

Proposition 3 : Le programme donne 0 comme résultat pour exactement deux nombres.
Proposition 4 : La fonction qui, au nombre choisi au départ, associe le résultat du programme est une fonction linéaire.

Exercice 4 (3 points)
Nombreux tirages de boules

Un sac contient 20 jetons qui sont soit jaunes, soit verts, soit rouges, soit bleus. On considère l'expérience suivante : tirer au hasard un jeton, noter sa couleur et remettre le jeton dans le sac. Chaque jeton a la même probabilité d'être tiré.

▶ **1.** Le professeur, qui connaît la composition du sac, a simulé un grand nombre de fois l'expérience avec un tableur. Il a représenté ci-dessous la fréquence d'apparition des différentes couleurs en fonction du nombre de tirages.

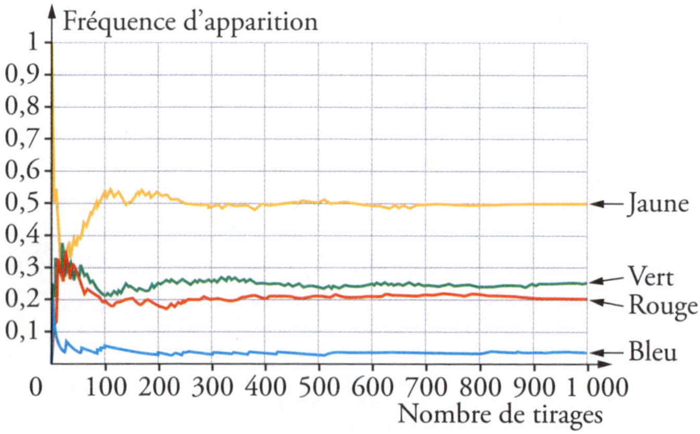

a) Quelle couleur est la plus présente dans le sac ? Aucune justification n'est attendue.

b) Le professeur a construit la feuille de calcul suivante :

	A	B	C
1	Nombre de tirages	Nombre de fois où un jeton rouge est apparu	Fréquence d'apparition de la couleur rouge
2	1	0	0
3	2	0	0
4	3	0	0
5	4	0	0
6	5	0	0
7	6	1	0,166666667
8	7	1	0,142857143
9	8	1	0,125
10	9	1	0,111111111
11	10	1	0,1

Quelle formule a-t-il saisie dans la cellule C2 avant de la recopier vers le bas ?

▶ **2.** On sait que la probabilité de tirer un jeton rouge est de $\frac{1}{5}$.
Combien y a-t-il de jetons rouges dans ce sac ?

Exercice 5 (4 points)
QCM à 4 questions très variées

Dans ce questionnaire à choix multiple, pour chaque question, des réponses sont proposées, une seule est exacte. Pour chacune des questions, écrire le numéro de la question et recopier la bonne réponse. Aucune justification n'est attendue.

▶ **1.** Quand on double le rayon d'une boule, son volume est multiplié par :

a) 2 **b)** 4 **c)** 6 **d)** 8

▶ **2.** Une vitesse égale à $36\ \text{km} \cdot \text{h}^{-1}$ correspond à :

a) $10\ \text{m} \cdot \text{s}^{-1}$ **b)** $60\ \text{m} \cdot \text{s}^{-1}$ **c)** $100\ \text{m} \cdot \text{s}^{-1}$ **d)** $360\ \text{m} \cdot \text{s}^{-1}$

▶ **3.** Quand on divise $\sqrt{525}$ par 5, on obtient :

a) $21\sqrt{5}$ **b)** $5\sqrt{21}$ **c)** $\sqrt{21}$ **d)** $\sqrt{105}$

▶ **4.** On donne : 1To (téraoctet) = 10^{12} octets et
1 Go (gigaoctet) = 10^{9} octets.
On partage un disque dur de 1,5 To en dossiers de 60 Go chacun.
Le nombre de dossiers obtenus est égal à :

a) 25 **b)** 1 000 **c)** 4×10^{22} **d)** $2{,}5 \times 10^{19}$

Exercice 6 (6 points)
Feux de croisement d'une voiture

Pour savoir si les feux de croisement de sa voiture sont réglés correctement, Pauline éclaire un mur vertical comme l'illustre le dessin suivant :

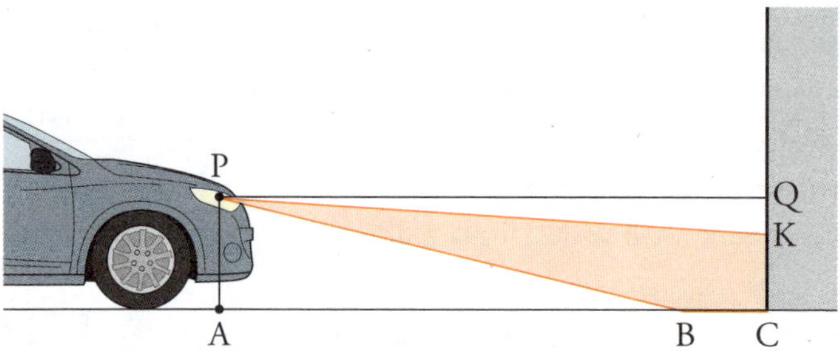

Pauline réalise le schéma ci-dessous (qui n'est pas à l'échelle) et relève les mesures suivantes : PA = 0,65 m, AC = QP = 5 m et CK = 0,58 m. P désigne le phare, assimilé à un point.

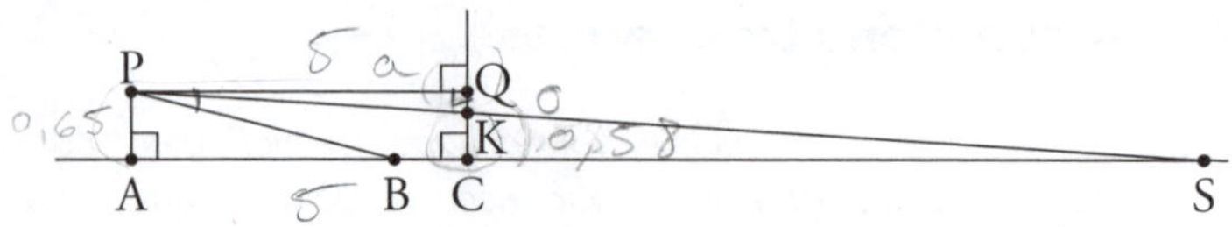

Pour que l'éclairage d'une voiture soit conforme, les constructeurs déterminent l'inclinaison du faisceau.

Cette inclinaison correspond au rapport $\frac{QK}{QP}$. Elle est correcte si ce rapport est compris entre 0,01 et 0,015.

▶ **1.** Vérifier que les feux de croisement de Pauline sont réglés avec une inclinaison égale à 0,014.

▶ **2.** Donner une mesure de l'angle $\widehat{QPK}$ correspondant à l'inclinaison. On arrondira au dixième de degré.

▶ **3.** Quelle est la distance AS d'éclairage de ses feux ? Arrondir le résultat au mètre près.

Exercice 7 (7 points)
Bottes de paille

Socle commun

Un agriculteur produit des bottes de paille parallélépipédiques.

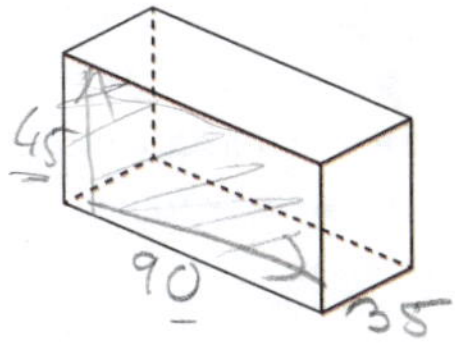

Information 1 : Dimensions des bottes de paille : 90 cm × 45 cm × 35 cm.
Information 2 : Le prix de la paille est de 40 € par tonne.
Information 3 : 1 m^3 de paille a une masse de 90 kg.

▶ **1.** Justifier que le prix d'une botte de paille est 0,51 € (arrondi au centime).

▶ **2.** Marc veut refaire l'isolation de la toiture d'un bâtiment avec des bottes de paille parallélépipédiques.
Le bâtiment est un prisme droit dont les dimensions sont données sur le schéma ci-dessous.

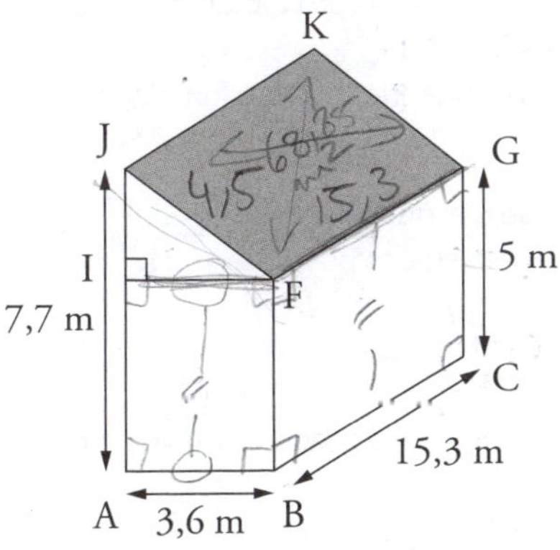

Il disposera les bottes de paille sur la surface correspondant à la zone grisée, pour créer une isolation de 35 cm d'épaisseur. Pour calculer le nombre de bottes de paille qu'il doit commander, il considère que les bottes sont disposées les unes contre les autres. Il ne tient pas compte de l'épaisseur des planches entre lesquelles il insère les bottes.

a) Combien de bottes devra-t-il commander ?

b) Quel est le coût de la paille nécessaire pour isoler le toit ?

LES CLÉS DU SUJET

Exercice 1

▶ **2.** Utiliser la propriété : « Si un triangle est inscrit dans un cercle dont un diamètre est l'un de ses côtés, ce triangle est rectangle et le diamètre est son hypoténuse ».

▶ **3.** Utiliser la propriété : « La mesure d'un angle inscrit dans un cercle est égale à la moitié de la mesure de l'angle au centre qui intercepte le même arc ».

Exercice 2

▶ **2.** Une réduction de n % sur un prix P correspond à une diminution de $\frac{n}{100} \times \text{P}$ de ce prix.

▶ **3.** Attention ! La seconde réduction s'applique au prix calculé après la promotion et non au prix initial.

Exercice 3

▶ **1.** Bien suivre le programme de calcul étape par étape.

▶ **2.** Pour les propositions **3** et **4**, noter x le nombre choisi.

Pour la proposition **3**, utiliser la propriété : « Si un produit de facteurs est nul, alors l'un au moins des facteurs est nul ».

Pour la proposition **4**, utiliser l'expression algébrique d'une fonction affine.

Exercice 4

▶ **2.** Utiliser la formule $p(\text{E}) = \frac{\text{nombre de résultats favorables}}{\text{nombre de résultats possibles}} = \frac{n}{\text{N}}$ (voir formulaire).

Exercice 5

▶ **1.** Lors de l'agrandissement d'un solide dans le rapport k, le volume est multiplié par k^3.

▶ **2.** Se souvenir que 1 km = 1 000 m et 1 h = 3 600 s.

▶ **3.** Utiliser la formule $\sqrt{a^2 \times b} = a\sqrt{b}$ avec a et b positifs.

▶ **4.** Faire attention aux unités.

Exercice 6

▶ **2.** Calculer $\tan\widehat{\text{QPK}}$ dans le triangle QPK rectangle en Q. Utiliser la calculatrice pour avoir la mesure de l'angle $\widehat{\text{QPK}}$.

▶ **3.** Justifier que les droites (PA) et (KC) sont parallèles puis appliquer le théorème de Thalès.

■ Exercice 7

▶ **1.** Calculer successivement :
– le volume d'une botte de paille ;
– la masse d'une botte de paille ;
– le prix d'une botte de paille.

▶ **2. a)** Appliquer le théorème de Pythagore au triangle JIF rectangle en I pour calculer la distance JF.
Calculer l'aire du toit et l'aire de la base d'une botte de paille.
En déduire le nombre de bottes de paille nécessaires.

CORRIGÉ 1

Exercice 1

▶ **1.** Voir figure ci-contre.

Échelle : $\frac{1}{2}$.

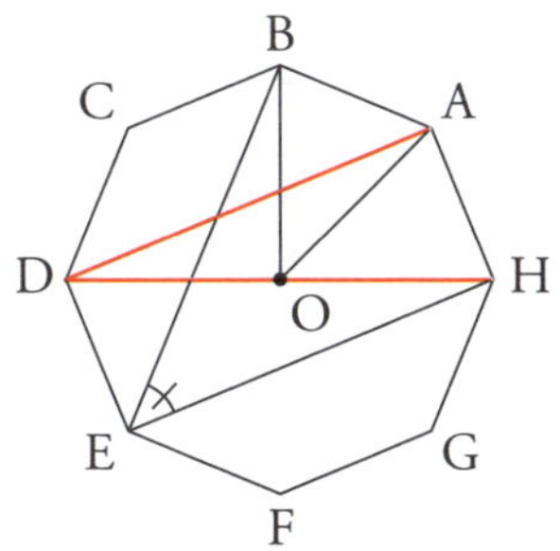

▶ **2.** L'octogone ABCDEFGH est régulier. Chaque angle au centre de sommet O (par exemple $\widehat{AOH}$) mesure $\frac{360°}{8}$ soit 45°.

L'angle $\widehat{DOH}$ mesure $4 \times 45°$ soit 180°. C'est un angle plat et le segment [DH] est un diamètre du cercle. Le triangle DAH est inscrit dans un cercle dont un diamètre est le côté [DH]. Ce triangle est donc rectangle en A.

▶ **3.** L'angle $\widehat{BOH}$ est un angle au centre qui intercepte l'arc $\overset{\frown}{BH}$. Cet angle mesure $2 \times 45°$ soit 90°.

L'angle $\widehat{BEH}$ est un angle inscrit qui intercepte lui aussi l'arc $\overset{\frown}{BH}$. Nous savons que $\widehat{BEH} = \frac{1}{2} \times \widehat{BOH}$ donc $\widehat{BEH} = \frac{1}{2} \times 90°$ soit $\boxed{\widehat{BEH} = 45°}$

Exercice 2

▶ **1.** Avant promotion, un cahier est vendu le même prix dans chacun des trois magasins. Lors de la promotion, le magasin C est le seul à effectuer une réduction pour l'achat d'un seul cahier.

Conclusion : le magasin C est le plus intéressant si Léa achète un seul cahier.

▶ **2.** Dans cette question, notons P le prix en euros d'un cahier dans chacun des trois magasins, avant promotion.

• Si Léa achète deux cahiers, elle paiera :

2P dans le magasin A ;

$P+\frac{1}{2}P$ soit $1{,}5P$ dans le magasin B ;

$2\left(P-\frac{30}{100}P\right)$ soit $1{,}4P$ dans le magasin C.

Conclusion : C est encore le magasin le plus intéressant pour l'achat de deux cahiers.

• Si Léa achète trois cahiers, elle paiera :

2P dans le magasin A ;

$P+\frac{1}{2}P+P$ soit $2{,}5P$ dans le magasin B ;

$3\left(P-\frac{30}{100}P\right)$ soit $2{,}1P$ dans le magasin C.

Conclusion : A est le magasin le plus intéressant pour l'achat de trois cahiers.

▶ **3.** Léa bénéficie de deux réductions :

• 30 % suite à la promotion, soit $0{,}3P$ sur un cahier. Le cahier coûte alors $0{,}7P$;

• 10 % sur $0{,}7P$ grâce à sa carte de fidélité, soit $0{,}07P$.

Le montant des deux réductions, pour l'achat d'un cahier, est égal à $0{,}3P+0{,}07P$ soit $0{,}37P$.

Conclusion : Léa bénéficie d'une réduction de 37 % en achetant un cahier dans le magasin C.

Attention
Il ne faut pas additionner les pourcentages des deux réductions pour trouver le pourcentage total de réduction. En effet ces deux pourcentages ne s'appliquent pas sur un même prix.

Exercice 3

▶ **1.** Le nombre choisi est 8.

- Soustrayons 6 à ce nombre, nous obtenons 2.
- Soustrayons 2 à ce même nombre, nous obtenons 6.
- Le produit des deux résultats précédents donne 12.

C'est bien le résultat annoncé.

▶ **2. Proposition 1**

Choisissons le nombre 5.

- Soustrayons 6 à ce nombre, nous obtenons –1.
- Soustrayons 2 à ce même nombre, nous obtenons 3.
- Le produit des deux résultats précédents donne –3.

Le résultat est bien négatif.

La proposition 1 est vraie.

Proposition 2

Choisissons le nombre $\frac{1}{2}$.

- Soustrayons 6 à ce nombre, nous obtenons $-\frac{11}{2}$.
- Soustrayons 2 à ce même nombre, nous obtenons $-\frac{3}{2}$.
- Le produit des deux résultats précédents donne $\left(-\frac{11}{2}\right)\times\left(-\frac{3}{2}\right)$ soit $\frac{33}{4}$.

La proposition 2 est vraie.

Proposition 3

POINT MÉTHODE

Programme de calcul

Quel(s) nombre(s) choisir pour obtenir un nombre donné n par application d'un programme de calcul ?

❶ Noter x le nombre choisi au départ.

❷ Effectuer successivement et **dans l'ordre indiqué** les étapes du programme de calcul.
Ici :

- On soustrait 6 au nombre de départ. On trouve $(x - 6)$.
- On soustrait 2 au nombre de départ. On trouve $(x - 2)$.

• On multiplie les deux nombres obtenus. On trouve $(x - 6) \times (x - 2)$.
On note $E(x)$ le résultat final.
Ici : $E(x) = (x - 6) \times (x - 2)$.

❸ Résoudre l'équation $E(x) = n$.
Ici : $E(x) = (x - 6) \times (x - 2) = 0$.
6 et 2 sont les solutions de l'équation.

Conclusion : si l'on choisit les nombres 6 ou 2, le programme de calcul donne 0.

Choisissons le nombre x.

- Soustrayons 6 à ce nombre, nous obtenons $x-6$.
- Soustrayons 2 à ce même nombre, nous obtenons $x-2$.
- Le produit des deux résultats précédents donne $(x-6)\times(x-2)$.

Le résultat du programme donne 0 lorsque $(x-6)\times(x-2)=0$.

Puisque nous avons un produit de facteurs nul, alors l'un au moins des facteurs est nul.

$x-6=0$ soit $x=6$,

ou $x-2=0$ soit $x=2$.

Nous trouvons effectivement que, pour exactement deux nombres, le programme donne 0. De plus ces nombres sont 6 et 2.

La proposition 3 est vraie.

Proposition 4

Nous venons de voir que si l'on note x le nombre choisi, le programme donne $(x-6)\times(x-2)$. La fonction f qui, au nombre x choisi au départ, associe le résultat du programme admet pour expression algébrique : $f(x)=(x-6)\times(x-2)$ ou encore $f(x)=x^2-8x+12$.

Mais l'expression algébrique d'une fonction linéaire f est de la forme $f(x)=ax$.

La proposition 4 est fausse.

Exercice 4

▶ **1. a)** La couleur la plus présente dans le sac est le jaune.

En effet les fréquences d'apparition de jetons jaunes sont plus grandes que les fréquences d'apparition de jetons d'autres couleurs, et ce quel que soit le nombre assez grand de tirages.

b) Dans la cellule C2 il faut saisir =B2/A2

▶ **2.** Appelons n le nombre de jetons rouges et N le nombre total de jetons.

Appelons E l'événement « tirer un jeton rouge ».

Nous savons que $N = 20$ et que $p(E) = \frac{n}{N} = \frac{1}{5}$.

Nous en déduisons que $\frac{n}{20} = \frac{1}{5}$ et $n = 4$.

Conclusion : il y a 4 jetons rouges dans le sac.

Exercice 5

▶ **1.** Nous savons que lors de l'agrandissement d'un solide dans le rapport k, son volume est multiplié par k^3. Ici $k = 2$, alors le volume est multiplié par 2^3 c'est-à-dire par 8.

La réponse **d)** est la bonne.

▶ **2.** Nous savons que 36 km = 36 000 m et que 1 h = 3 600 s. Donc la vitesse v est telle que $v = \frac{36\,000}{3\,600} = 10 \text{ m} \cdot \text{s}^{-1}$.

La réponse **a)** est la bonne.

▶ **3.** Posons $A = \sqrt{525}$. Nous pouvons écrire $A = \sqrt{5^2 \times 21}$ ou encore $A = 5\sqrt{21}$.

Alors $\frac{\sqrt{525}}{5} = \frac{5\sqrt{21}}{5} = \sqrt{21}$.

La réponse **c)** est la bonne.

▶ **4.** Appelons N le nombre de dossiers obtenus.

1 To $= 10^{12}$ octets donc 1,5 To $= 1{,}5 \times 10^{12}$ octets.

1 Go $= 10^9$ octets donc 60 Go $= 60 \times 10^9$ octets.

$N = \frac{1{,}5 \times 10^{12}}{60 \times 10^9}$ soit $N = \frac{1{,}5 \times 10^3 \times 10^9}{60 \times 10^9}$ ou encore $N = \frac{1\,500}{60}$.

$N = 25$.

La réponse **a)** est la bonne.

Exercice 6

▶ **1.** Nous avons $\frac{QK}{QP}=\frac{QC-CK}{QP}=\frac{0{,}65-0{,}58}{5}$ car $QC=PA=0{,}65$ m.

$\frac{QK}{QP}=\frac{0{,}07}{5}$ et $\boxed{\frac{QK}{QP}=0{,}014}$

> **Conseil**
> Dans le triangle KQP rectangle en Q, nous connaissons le rapport des distances $\frac{QK}{QP}$, c'est-à-dire le rapport du côté opposé et du côté adjacent pour l'angle $\widehat{QPK}$. D'où l'idée de calculer $\tan\widehat{QPK}$.

▶ **2.** Dans le triangle QPK rectangle en Q, nous avons $\tan\widehat{QPK}=\frac{QK}{QP}$. Mais $\frac{QK}{QP}=0{,}014$ d'après la question précédente.

Donc $\tan\widehat{QPK}=0{,}014$ et $\widehat{QPK}=0{,}8°$ valeur arrondie au dixième de degré.

▶ **3.** Les droites (PA) et (KC) sont toutes deux perpendiculaires à la droite (AS). Elles sont donc parallèles entre elles.

Les points S, C, A sont alignés dans le même ordre que les points S, K, P. De plus les droites (PA) et (KC) sont parallèles.

Le théorème de Thalès permet d'écrire $\frac{SC}{SA}=\frac{CK}{AP}$.

Mais $SC=SA-AC=SA-5$, donc $\frac{SA-5}{SA}=\frac{0{,}58}{0{,}65}$.

$0{,}65\times(SA-5)=0{,}58\times SA$

$0{,}65\times SA-3{,}25=0{,}58\times SA$

$0{,}07\times SA=3{,}25$

$SA=\frac{3{,}25}{0{,}07}$

$\boxed{SA=46\text{ m}}$ valeur arrondie au mètre près.

Exercice 7

▶ **1.** Notons $\mathcal{V}$ le volume d'une botte de paille. La botte étant parallélépipédique, $\mathcal{V}$ = longueur × largeur × hauteur.

$\mathcal{V} = 90 \times 45 \times 35$ ou encore $\mathcal{V} = 141\ 750\ \text{cm}^3$.

Nous savons aussi que $\mathcal{V} = 141\ 750\ \text{cm}^3 = 141{,}75\ \text{dm}^3 = 0{,}14175\ \text{m}^3$.

Une botte de paille a une masse de $0{,}14175 \times 90$ soit 12,7575 kg ou encore 0,0127575 tonne.

Le prix P d'une botte de paille est :

$P = 40 \times 0{,}0127575$ soit $\boxed{P = 0{,}51 \text{ euro}}$, valeur arrondie au centime.

▶ **2. a)** Soit $\mathcal{A}_1$ l'aire de la base d'une botte de paille.

$\mathcal{A}_1 = 90 \times 45$, soit $\mathcal{A}_1 = 4\ 050\ \text{cm}^2 = 0{,}405\ \text{m}^2$.

Soit $\mathcal{A}_2$ l'aire du toit. Alors $\mathcal{A}_2 = \text{JF} \times \text{FG}$.

Appliquons le théorème de Pythagore au triangle JIF rectangle en I :

$$\text{JF}^2 = \text{IJ}^2 + \text{IF}^2.$$

Nous savons que $\text{IJ} = 7{,}7 - 5 = 2{,}7$ m et $\text{IF} = 3{,}6$ m.

$\text{JF}^2 = 2{,}7^2 + 3{,}6^2 = 20{,}25$ et $\text{JF} = \sqrt{20{,}25}$ soit $\text{JF} = 4{,}5$ m.

Alors $\mathcal{A}_2 = 4{,}5 \times 15{,}3$ ou $\mathcal{A}_2 = 68{,}85\ \text{m}^2$.

Notons N le nombre de bottes que Marc devra commander.

$N = \dfrac{68{,}85}{0{,}405}$ soit $\boxed{N = 170}$

b) Notons P le coût de la paille.

$P = 170 \times 0{,}51$ $\boxed{P = 86{,}7 \text{ euros}}$

Sujet complet d'Asie 2014

Exercice 1 (3 points)
Rebonds d'une balle

On laisse tomber une balle d'une hauteur de 1 mètre.

À chaque rebond elle rebondit des $\frac{3}{4}$ de la hauteur d'où elle est tombée.

Quelle hauteur atteint la balle au cinquième rebond ? Arrondir au cm près.

Exercice 2 (5 points)
Guitare

Une corde de guitare est soumise à une tension T, exprimée en newtons (N), qui permet d'obtenir un son quand la corde est pincée.
Ce son plus ou moins aigu est caractérisé par une fréquence f exprimée en hertz (Hz).
La fonction qui à une tension T associe sa fréquence f est définie par la relation : $f(\mathrm{T}) = 20\sqrt{\mathrm{T}}$.

On donne ci-dessous la représentation graphique de cette fonction.

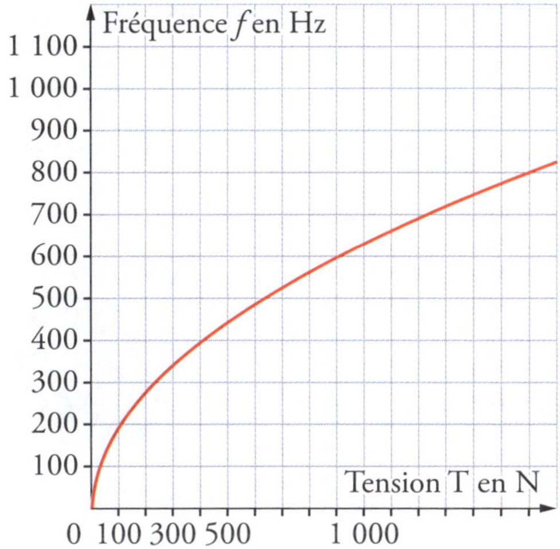

Tableau des fréquences (en hertz) de différentes notes de musique

Notes	Do_2	$Ré_2$	Mi_2	Fa_2	Sol_2	La_2	Si_2	Do_3	$Ré_3$	Mi_3	Fa_3	Sol_3	La_3	Si_3
Fréquences (en Hz)	132	148,5	165	176	198	220	247,5	264	297	330	352	396	440	495

▶ **1.** Déterminer graphiquement une valeur approchée de la tension à appliquer sur la corde pour obtenir un « La_3 ».

▶ **2.** Déterminer par le calcul la note obtenue si on pince la corde avec une tension de 220 N environ.

▶ **3.** La corde casse lorsque la tension est supérieure à 900 N. Quelle fréquence maximale peut-elle émettre avant de casser ?

Exercice 3 (3 points)
Alvéoles des nids d'abeilles

Les alvéoles des nids d'abeilles présentent une ouverture ayant la forme d'un hexagone régulier de côté 3 mm environ.
Construire un agrandissement de cet hexagone de rapport 10.
(Aucune justification de la construction n'est attendue.)

ph © Burger/Phanie

Exercice 4 (6 points)
Réduction du prix des places de cinéma

Dans chaque cas, dire si l'affirmation est vraie ou fausse. Justifier vos réponses.

▶ **1.** À l'entrée d'un cinéma, on peut lire les tarifs ci-dessous pour une place de cinéma.

Tarif d'une place de cinéma
Plein tarif : 9,50 €
Enfants (– 12 ans) : 5,20 €
Étudiants : 6,65 €
Séniors : 7,40 €

Affirmation 1 : Les étudiants bénéficient d'une réduction de 30 % sur le plein tarif.

▶ **2.** a et b désignent des entiers positifs avec $a > b$.
Affirmation 2 : PGCD(a ; b) = $a - b$.

▶ **3.** A est égale au produit de la somme de x et de 5 par la différence entre $2x$ et 1. (x désigne un nombre relatif.)
Affirmation 3 : $A = 2x^2 + 9x - 5$.

Exercice 5 (6 points)
Droites parallèles ou pas ?

En utilisant le codage et les données, dans chacune des figures, est-il vrai que les droites (AB) et (CD) sont parallèles ? Justifier vos affirmations.

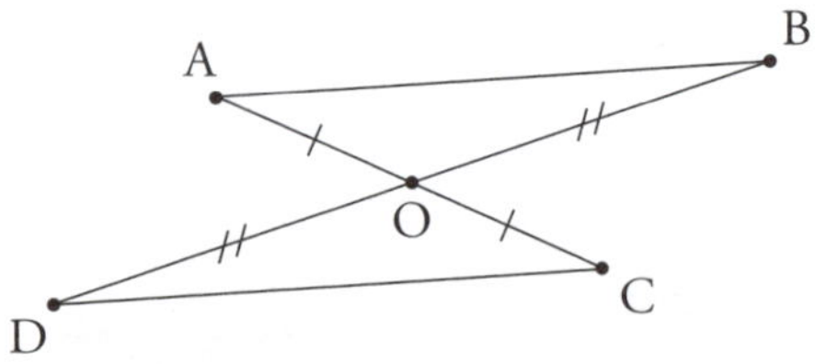

Figure 1

O, A, C sont alignés et O, B, D sont alignés.

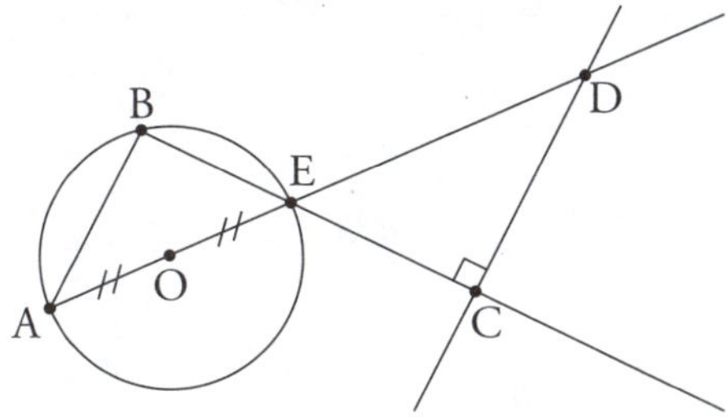

Figure 2

A, B, E appartiennent au cercle de centre O ;
B, E et C sont alignés ; A, O, E et D sont alignés.

Exercice 6 (6 points)
Financement d'une sortie associative

Une association décide d'organiser une tombola pour financer entièrement une sortie pour ses adhérents d'un montant de 2 660 €.
Le 1er ticket tiré au sort fera remporter le gros lot d'une valeur de 300 €.
Les 10 tickets suivants tirés au sort feront remporter un lot d'une valeur de 25 € chacun.
Les 20 tickets suivants tirés au sort feront remporter un lot d'une valeur de 5 € chacun.
L'association finance entièrement les lots.
Chaque ticket de tombola est vendu 2 € et les tickets sont vendus durant 6 jours.
On a représenté ci-après le diagramme des ventes des tickets durant ces 6 jours.

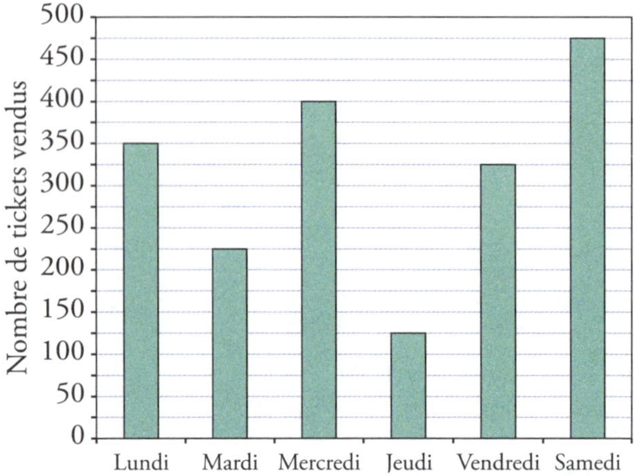

▶ **1.** L'association pourra-t-elle financer entièrement cette sortie ?

▶ **2.** Pour le même nombre de tickets vendus, proposer un prix de ticket de tombola permettant de financer un voyage d'une valeur de 10 000 €. Quel serait le prix minimal ?

▶ **3.** Le gros lot a été déjà tiré. Quelle est la probabilité de tirer un autre ticket gagnant ? (Donner le résultat sous la forme fractionnaire.)

Exercice 7 (7 points)
Trottoir roulant

Dans cet exercice, toute trace de recherche même non aboutie sera prise en compte dans l'évaluation.

Les gérants d'un centre commercial ont construit un parking souterrain et souhaitent installer un trottoir roulant pour accéder de ce parking au centre commercial.

Les personnes empruntant ce trottoir roulant ne doivent pas mettre plus de 1 minute pour accéder au centre commercial.

La situation est présentée par le schéma ci-après.

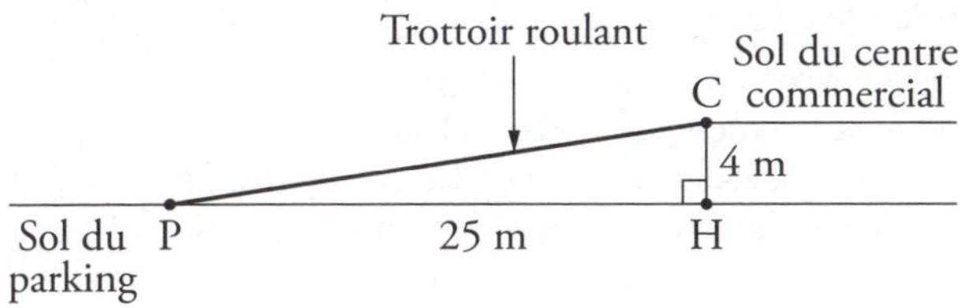

Caractéristiques du trottoir roulant :

Modèle 1	Modèle 2
• Angle d'inclinaison maximum avec l'horizontale : 12°. • Vitesse : 0,5 m/s.	• Angle d'inclinaison maximum avec l'horizontale : 6°. • Vitesse : 0,75 m/s.

Est-ce que l'un de ces deux modèles peut convenir pour équiper ce centre commercial ?
Justifier.

LES CLÉS DU SUJET

■ Exercice 1

Prendre, après chaque rebond, les trois quarts de la hauteur précédente. Détailler avec soin les différents calculs effectués.

■ Exercice 2

▶ **1.** Lire l'abscisse du point d'ordonnée 440 situé sur la représentation graphique de la fonction f.

▶ **2.** Calculer $f(220)$ et répondre à la question en utilisant le tableau des fréquences donné dans l'énoncé.

▶ **3.** Calculer $f(900)$.

■ Exercice 3

Utiliser la propriété suivante : « Si on agrandit une figure dans le rapport k, on obtient une autre figure de même nature dont les mesures des longueurs sont multipliées par k. »

■ Exercice 4

▶ **1.** Faire un tableau de proportionnalité.

▶ **2.** Prendre un contre-exemple.

▶ **3.** Traduire le texte de l'énoncé par une expression où figure x.

Exercice 5

▶ **1.** Utiliser les propriétés du parallélogramme.

▶ **2.** Utiliser deux propriétés fondamentales :

• Si un triangle est inscrit dans un cercle dont un diamètre est l'un de ses côtés, ce triangle est rectangle et le diamètre est son hypoténuse.

• Deux droites perpendiculaires à une même droite sont parallèles entre elles.

Exercice 6

▶ **1.** Lire sur le diagramme des ventes le nombre de tickets vendus pendant 6 jours. En déduire la somme d'argent rapportée par la vente des tickets.

Calculer le montant des dépenses effectuées pour l'achat des lots.

En déduire la somme dont l'association dispose pour le financement de la sortie. Conclure.

▶ **2.** Noter x le prix de vente d'un ticket. Traduire l'énoncé par une inéquation. La résoudre et conclure.

▶ **3.** Déterminer le nombre de tickets restant et le nombre de tickets gagnants. Puis appliquer la formule $p(E) = \dfrac{\text{nombre de résultats favorables}}{\text{nombre de résultats possibles}}$.

Exercice 7

Calculer la mesure de l'angle $\widehat{\text{CPH}}$ à l'aide du schéma donné. Éliminer alors l'un des deux trottoirs roulants.

Calculer la distance PC. Conclure

CORRIGÉ 2

Exercice 1

La balle tombe d'une hauteur de 1 m.

Après le premier rebond, la balle atteint une hauteur :

$$h_1 = \frac{3}{4} \times 1 = \frac{3}{4} \text{ m.}$$

Après le deuxième rebond, la balle atteint une hauteur :

$$h_2 = \frac{3}{4} \times h_1 = \frac{3}{4} \times \frac{3}{4} \text{ soit } h_2 = \left(\frac{3}{4}\right)^2 \text{ m.}$$

Conseil
Détailler avec soin les différents calculs effectués.

Après le troisième rebond, la balle atteint une hauteur :

$$h_3 = \frac{3}{4} \times h_2 = \frac{3}{4} \times \left(\frac{3}{4}\right)^2 \text{ soit } h_2 = \left(\frac{3}{4}\right)^3 \text{ m.}$$

Après le quatrième rebond, la balle atteint une hauteur :

$$h_4 = \frac{3}{4} \times h_3 = \frac{3}{4} \times \left(\frac{3}{4}\right)^3 \text{ soit } h_4 = \left(\frac{3}{4}\right)^4 \text{ m.}$$

Après le cinquième rebond, la balle atteint une hauteur :

$$h_5 = \frac{3}{4} \times h_4 = \frac{3}{4} \times \left(\frac{3}{4}\right)^4 \text{ soit } h_5 = \left(\frac{3}{4}\right)^5 \text{ m.}$$

Nous avons $\boxed{h_5 = 0{,}24 \text{ cm}}$ valeur arrondie au cm.

Exercice 2

▶ **1.** Le « La_3 » correspond à une fréquence de 440 Hz.

Nous lisons que l'abscisse du point situé sur la représentation graphique de la fonction f et d'ordonnée 440 est environ 490.

Conclusion : pour obtenir un « La_3 », il faut appliquer une tension d'environ 490 N à la corde.

▶ **2.** Nous savons que $f(\text{T}) = 20\sqrt{\text{T}}$.

Alors $f(220) = 20\sqrt{220}$ soit $f(220) = 297$ valeur arrondie à l'unité.

Une fréquence de 297 Hz correspond à la note « $Ré_3$ ».

Conclusion : si on pince la corde avec une tension de 220 N, on obtient un « $Ré_3$ ».

▶ **3.** Nous avons $f(900) = 20\sqrt{900} = 600$.

Une tension de la corde égale à 900 N correspond à une fréquence de 600 Hz.

La fréquence maximale qui peut être émise est 600 Hz.

Conseil
Nous lisons que l'ordonnée du point situé sur la représentation graphique de la fonction f et d'abscisse 900 est égale à environ 600.
Le calcul donne une valeur exacte… ce que ne fait pas une lecture graphique.

Exercice 3

Si on effectue un agrandissement dans le rapport 10 d'un hexagone régulier de côté 3 mm, on obtient un autre hexagone régulier de côté 30 mm soit 3 cm.

Construction :

Traçons un cercle de centre O et de rayon 3 cm. Prenons un point quelconque A de ce cercle. À l'aide d'un compas, plaçons les points B, C, D, E et F du cercle tels que OA = AB = BC = CD = DE = EF = 3 cm.

Le polygone ABCDEF obtenu est un hexagone régulier.

La figure n'est pas à l'échelle.

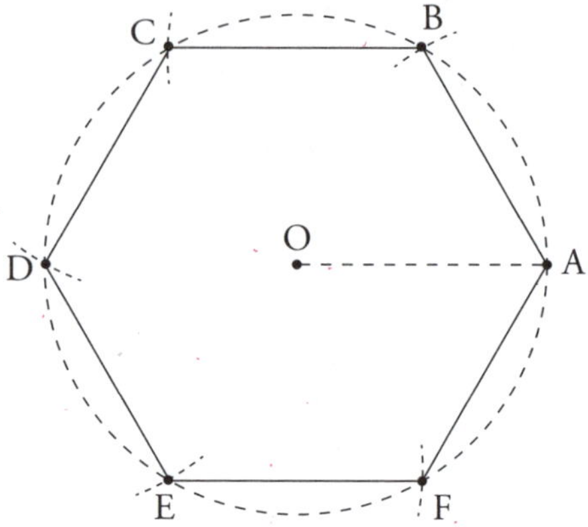

Exercice 4

▶ **1.** Le plein tarif est égal à 9,5 euros, tandis que le tarif étudiant est 6,65 euros. Notons r le montant de la réduction dont bénéficient les étudiants.

$r = 9{,}5 - 6{,}65$ soit $r = 2{,}85$ euros.

Notons p le pourcentage de la réduction :

$p = \dfrac{2{,}85}{9{,}5} \times 100$ soit $\boxed{p = 30\ \%}$

L'affirmation 1 est vraie.

Astuce
Nous pouvons aussi utiliser un tableau de proportionnalité :

2,85	p
9,5	100

▶ **2.** Prenons un contre-exemple. Si $a = 10$ et $b = 7$, alors $a - b = 3$.

Le PGCD de 10 et 7 est égal à 1 et non à 3 !

L'affirmation 2 est fausse.

▶ **3.** L'énoncé permet d'écrire $A = (x+5) \times (2x-1)$. Développons :

$A = 2x^2 - x + 10x - 5$ soit $A = 2x^2 + 9x - 5$.

L'affirmation 3 est vraie.

Exercice 5

▶ **1.** Grâce au codage, nous pouvons affirmer que ABCD est un quadrilatère dont les diagonales se coupent en leur milieu. ABCD est donc un parallélogramme. Nous savons que les côtés d'un parallélogramme sont parallèles 2 à 2. En conséquence, les droites (AB) et (CD) sont parallèles.

▶ **2.** Le triangle ABE est inscrit dans un cercle dont un diamètre est l'un de ses côtés [AE]. Ce triangle est donc rectangle en B.

La droite (AB) est donc perpendiculaire à la droite (BC). Le schéma indique que la droite (CD) est aussi perpendiculaire à la droite (BC). Les droites (AB) et (CD) sont perpendiculaires à une même droite (BC). Elles sont donc parallèles entre elles.

Exercice 6

▶ **1.** Notons N le nombre de tickets vendus durant 6 jours. Le diagramme des ventes permet d'écrire :

$$N = 350 + 225 + 400 + 125 + 325 + 475 \text{ soit } N = 1\,900.$$

Chaque ticket est vendu 2 euros. La somme p_1 ainsi récoltée est de 3 800 euros. Calculons la somme p_2 dépensée pour l'achat des lots.

$p_2 = 300 + 10 \times 25 + 20 \times 5$ soit $p_2 = 650$ euros.

Il reste $p_1 - p_2$ soit 3 150 euros à l'association. Cette somme est suffisante pour financer entièrement le voyage dont le coût est de 2 660 euros.

▶ **2.** Notons x le prix de vente d'un ticket.

L'association reçoit donc $1\,900x$ euros et dépense 650 euros pour l'achat des lots. Pour financer un voyage coûtant 10 000 euros, il faut que $1\,900x - 650 \geqslant 10\,000$.

Résolvons cette inéquation :

$1\,900x \geqslant 10\,000 + 650$

$x \geqslant \dfrac{10\,650}{1\,900}$ ou encore $x \geqslant 5{,}61$ valeur arrondie au centième.

Conclusion : le prix minimal de vente d'un ticket est de 5,61 euros.

▶ **3.** Notons E l'événement « Tirer un autre ticket gagnant ».

Il reste 30 tickets gagnants et 1 899 tickets en tout.

Nous avons $p(\text{E}) = \dfrac{30}{1\,899}$ soit $\boxed{p(\text{E}) = \dfrac{10}{633}}$

POINT MÉTHODE

Calcul de probabilité lorsque les résultats d'une expérience ont tous la même probabilité

Voici les étapes de la recherche de solution.

❶ On recherche le nombre ***n*** de résultats favorables à l'obtention de l'événement E.
Ici : $n = 30$, car le gros lot ayant déjà été tiré, il ne reste plus que 30 tickets gagnants.

❷ On recherche le nombre N de résultats possibles.
Ici : N = 1 899, car un ticket ayant déjà été tiré, il ne reste plus que 1 899 tickets.

❸ On applique la formule $p(\text{E}) = \dfrac{n}{\text{N}} = \dfrac{\text{nombre de résultats favorables}}{\text{nombre de résultats possibles}}$.

Ici : $p(\text{E}) = \dfrac{30}{1\,899}$ ou encore $p(\text{E}) = \dfrac{10}{633}$.

Exercice 7

• Dans le triangle CHP rectangle en H, nous avons
$\tan \widehat{\text{CPH}} = \dfrac{4}{25} = 0{,}16.$

La calculatrice indique $\widehat{\text{CPH}} = 9{,}09°$ valeur arrondie au centième.

Conclusion : le modèle 2 ne peut convenir puisque l'angle d'inclinaison maximale avec l'horizontale est de 6° avec ce modèle. En revanche le modèle 1 pourrait convenir.

• Appliquons le théorème de Pythagore au triangle CHP rectangle en H.

$\text{PC}^2 = \text{PH}^2 + \text{HC}^2$

$\text{PC}^2 = 25^2 + 4^2 = 641$ ou encore $\text{PC} = \sqrt{641}$ m.

Calculons t le temps nécessaire pour se rendre du parking au centre commercial en utilisant le trottoir roulant modèle 1.

$t = \dfrac{\sqrt{641}}{0{,}5}$ soit $t = 51$ s valeur arrondie à l'unité. Ce temps est inférieur à 1 minute.

Conclusion : le modèle 1 peut convenir.

Sujet complet d'Amérique du Nord 2014

Exercice 1 (4 points) QCM 4 questions sur « Nombres et calculs »

Cet exercice est un questionnaire à choix multiples (QCM). Pour chaque question, une seule réponse est exacte. Aucune justification n'est demandée. Pour chacune des quatre questions, écrire sur votre copie le numéro de la question et la lettre A, B, ou C correspondant à la réponse choisie.

	A	B	C
▶ **1.** $\left(\frac{2}{7}+\frac{3}{7}\right):\frac{1}{5}=$	$\frac{1}{7}$	$\frac{25}{7}$	$\frac{17}{7}$
▶ **2.** Le PGCD des nombres 84 et 133 est…	1	7	3
▶ **3.** Les solutions de l'inéquation $-3x+5 \geqslant 9$ sont les nombres x tels que…	$x \leqslant \frac{-4}{3}$	$x = \frac{-4}{3}$	$x \geqslant \frac{-4}{3}$
▶ **4.** $(1+\sqrt{2})^2$ est égal à…	3	$3-\sqrt{2}$	$3+2\sqrt{2}$

Les 8 exercices qui suivent traitent du même thème « le canal du Midi » (le canal du Midi est un canal qui rejoint l'Atlantique à la Méditerranée) mais sont indépendants. Le vocabulaire spécifique est donné sur le schéma de l'exercice 7.

Exercice 2 (3 points) « Boudins » de protection

Pour amortir les chocs contre les autres embarcations ou le quai, les péniches sont équipées de « boudins » de protection.
Calculer le volume exact en cm^3 du « boudin » de protection ci-après, puis arrondir au centième.

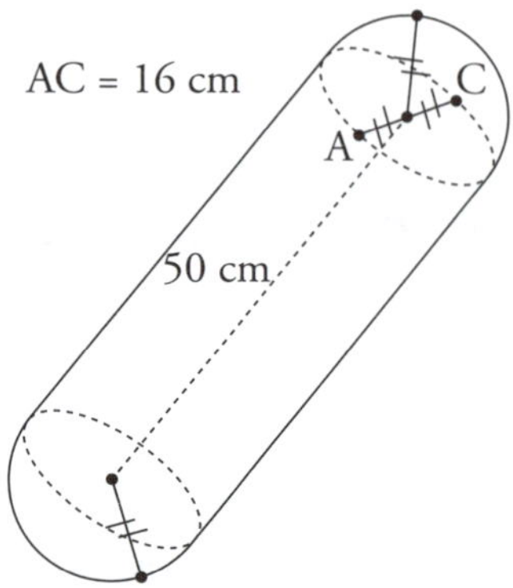

Rappels :

• Volume d'un cylindre de révolution : $V = \pi R^2 h$ où h désigne la hauteur du cylindre et R le rayon de la base.

• Volume d'une boule : $V = \frac{4}{3}\pi R^3$ où R désigne le rayon de la boule.

Exercice 3 (3 points)
Location d'un bateau à moteur

Socle commun

▶ **1.** La longueur du canal du Midi est de 240 km de Toulouse à l'étang de Thau et la vitesse des embarcations y est limitée à 8 km/h.
Combien de temps, au moins, faut-il pour effectuer ce trajet en péniche sans faire de pause ?

▶ **2.** On assimilera une écluse à un pavé droit de 8,4 m de large, de 30 m de long et de 3 m de hauteur. Calculer le volume de cette écluse.

▶ **3.** Le prix hebdomadaire de la location d'un bateau à moteur dépend de la période.
Il est de 882 € du 01/01/2014 au 28/04/2014.
Il augmente de 27 % pour la période du 29/04/2014 au 12/05/2014.
Calculer le prix de la location pour cette période.

Exercice 4 (3 points)
Le dénivelé du parcours

Durant un parcours sur le canal du Midi partant de l'écluse de Renneville jusqu'à l'écluse de Gay, on a relevé les hauteurs de chaque écluse franchie depuis le départ dans la feuille de calcul donnée ci-après.
Les hauteurs franchies de manière ascendante sont notées positivement, celles de manière descendante négativement.

▶ **1.** Quelle formule doit-on saisir dans la cellule M5 pour obtenir la valeur du dénivelé* du parcours ?

▶ **2.** Quelle est la valeur du dénivelé* du parcours ?

▶ **3.** Le parcours est-il, globalement, ascendant ou descendant ?

	A	B	C	D	E	F	G	H	I	J	K	L	M
1	**Écluse**	de Renneville	d'Encassan	d'Emborrel	de l'Océan	de la Méditerranée	du Roc	de Laurens	de la Domergue	de la Planque	de Saint-Roch	de Gay	
2													
3	**Hauteur** (m)	2,44	4,85	3,08	2,62	- 2,58	- 5,58	- 6,78	- 2,24	- 2,63	- 9,42	- 5,23	
4													
5													

* Le dénivelé du parcours représente la différence de niveau (hauteur) entre les écluses.

Exercice 5 (3 points)
Un siège pliant

Socle commun

Pour une bonne partie de pêche au bord du canal, il faut un siège pliant adapté !
Nicolas est de taille moyenne et, pour être bien assis, il est nécessaire que la hauteur de l'assise du siège soit comprise entre 44 cm et 46 cm.

Voici les dimensions d'un siège pliable qu'il a trouvé en vente sur internet :
- longueur des pieds : 56 cm ;
- largeur de l'assise : 34 cm ;
- profondeur de l'assise : 31 cm.

L'angle $\widehat{ACE}$ est droit et ABDC est un rectangle.

La hauteur de ce siège lui est-elle adaptée ?

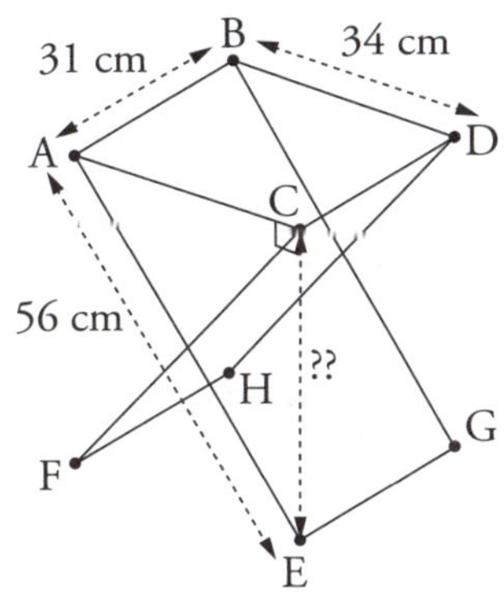

Exercice 6 (6 points)
Une partie de dés

Pendant le remplissage d'une écluse, Jules et Paul, à bord de leur péniche, patientent en jouant aux dés. Ces dés sont équilibrés.

▶ **1.** Est-ce que, lors du jet d'un dé, la probabilité d'obtenir un « 1 » est la même que celle d'obtenir un « 5 » ? Expliquer.

▶ **2.** Jules lance en même temps un dé rouge et un dé jaune. Par exemple il peut obtenir 3 au dé rouge et 4 au dé jaune, c'est l'une des issues possibles. Expliquer pourquoi le nombre d'issues possibles quand il lance ses deux dés est de 36.

Jules propose à Paul de jouer avec ces deux dés (un jaune et un rouge), Il lui explique la règle :
– Le gagnant est le premier à remporter un total de 1 000 points.
– Si, lors d'un lancer, un joueur fait deux « 1 », c'est-à-dire une paire* de « 1 », il remporte 1 000 points (et donc la partie).
– Si un joueur obtient une paire de 2, il obtient 100 fois la valeur du 2, soit $2 \times 100 = 200$ points.
– De même, si un joueur obtient une paire de 3 ou de 4 ou de 5 ou 6, il obtient 100 fois la valeur du dé soit $3 \times 100 = 300$, ou …
– Si un joueur obtient un résultat autre qu'une paire (exemple 3 sur le dé jaune et 5 sur le dé rouge), il obtient 50 points.

▶ **3.** Paul a déjà fait 2 lancers et a obtenu 650 points.
Quelle est la probabilité qu'il gagne la partie à son troisième lancer ?

Dans cette question, si le travail n'est pas terminé, laisser tout de même sur la copie une trace de la recherche. Elle sera prise en compte dans la notation.

---

* On appelle une paire de 1 quand on obtient deux 1, une paire de 2 quand on obtient deux 2 …

Exercice 7 (5 points)
Le remplissage d'une écluse

On étudie plus précisément le remplissage d'une écluse pour faire passer une péniche de l'amont vers l'aval.
Principe : Il s'agit de faire monter le niveau de l'eau dans l'écluse jusqu'au niveau du canal en amont afin que l'on puisse ensuite faire passer la péniche dans l'écluse.

Ensuite, l'écluse se vide et le niveau descend à celui du canal en aval. La péniche peut sortir de l'écluse et poursuivre dans le canal en aval.

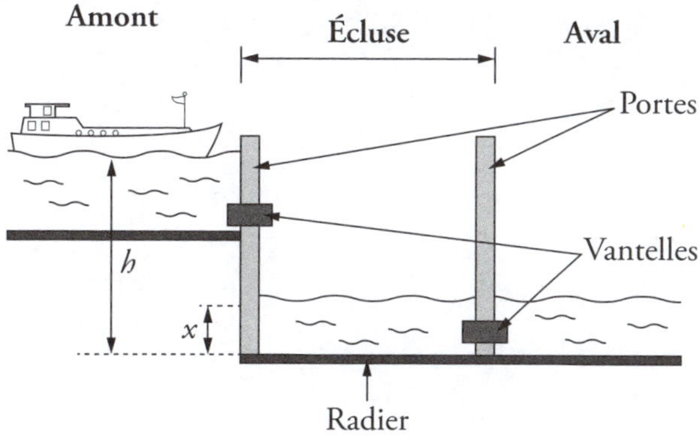

Toutes les mesures de longueur sont exprimées en mètres.
On notera h la hauteur du niveau de l'eau en amont et x la hauteur du niveau de l'eau dans l'écluse.
Ces hauteurs sont mesurées à partir du radier (fond) de l'écluse (voir schéma ci-dessus).
Lorsque la péniche se présente à l'écluse, on a : $h = 4{,}3$ m et $x = 1{,}8$ m.
La vitesse de l'eau s'écoulant par la vantelle (vanne) est donnée par la formule suivante :

$$v = \sqrt{2g(h - x)}$$

où $g = 9{,}81$ (accélération en mètres par seconde au carré noté $\mathrm{m \cdot s^{-2}}$) et v est la vitesse (en mètres par seconde noté $\mathrm{m \cdot s^{-1}}$).

▶ **1.** Calculer l'arrondi à l'unité de la vitesse de l'eau s'écoulant par la vantelle à l'instant de son ouverture. (On considère l'ouverture comme étant instantanée.)

▶ **2.** Pour quelle valeur de x la vitesse d'écoulement de l'eau sera-t-elle nulle ?
Qu'en déduit-on pour le niveau de l'eau dans l'écluse dans ce cas ?

▶ **3.** Le graphique donné ci-après représente la vitesse d'écoulement de l'eau par la vantelle en fonction du niveau x de l'eau dans l'écluse.
Déterminer, par lecture graphique, la vitesse d'écoulement lorsque la hauteur de l'eau dans l'écluse est de 3,4 m.

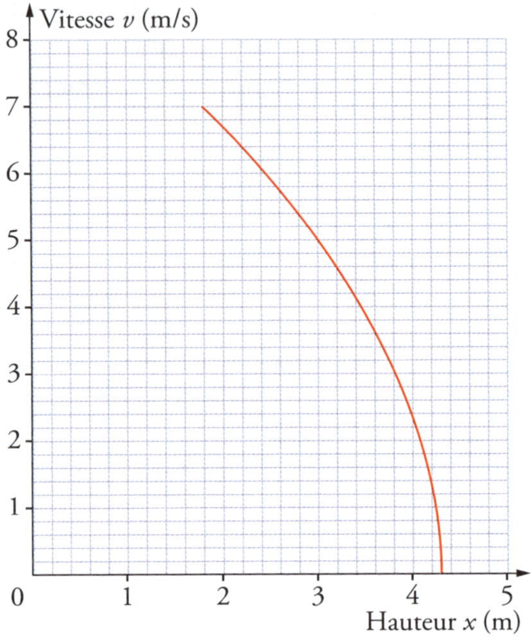

Exercice 8 (4 points)
Débit moyen d'un fluide

Socle commun

Le débit moyen q d'un fluide dépend de la vitesse moyenne v du fluide et de l'aire S de la section d'écoulement. Il est donné par la formule suivante :

$$q = S \times v$$

où q est exprimé en $m^3 \cdot s^{-1}$, S en m^2 et v en $m \cdot s^{-1}$.

Pour cette partie, on considérera que la vitesse moyenne d'écoulement de l'eau à travers la vantelle durant le remplissage est $v = 2{,}8\ m \cdot s^{-1}$.

La vantelle a la forme d'un disque de rayon $R = 30$ cm.

▶ **1.** Quelle est l'aire exacte, en m^2, de la vantelle ?

▶ **2.** Déterminer le débit moyen arrondi au millième de cette vantelle durant le remplissage.

▶ **3.** Pendant combien de secondes faudra-t-il patienter pour le remplissage d'une écluse de capacité 756 m^3 ? Est-ce qu'on attendra plus de 15 minutes ?

Exercice 9 (5 points)
Portes « busquées » d'une écluse

Certaines écluses ont des portes dites « busquées » qui forment un angle pointé vers l'amont de manière à résister à la pression de l'eau.

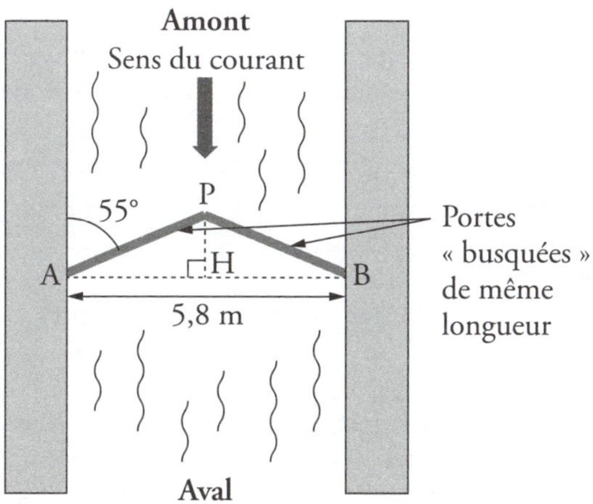

En vous appuyant sur le schéma ci-dessus, déterminer la longueur des portes au cm près.

Si le travail n'est pas terminé, laisser tout de même une trace de la recherche. Elle sera prise en compte dans la notation.

LES CLÉS DU SUJET

Exercice 1

▶ **1.** Effectuer d'abord le calcul à l'intérieur de la parenthèse, puis appliquer la règle de division de deux fractions.

▶ **2.** Utiliser, par exemple, l'algorithme d'Euclide.

▶ **3.** Attention ! Si on divise chacun des membres d'une inéquation par un même **nombre négatif**, il faut **changer le sens** de l'inégalité.

▶ **4.** Utiliser l'identité remarquable $(a + b)^2 = a^2 + 2ab + b^2$.

Exercice 2

Appliquer les formules (rappelées dans l'énoncé) permettant de calculer les volumes d'une sphère et d'un cylindre.

Exercice 3

▶ **1.** Appliquer la relation $d = v \times t$ où d désigne la distance parcourue, t le temps mis pour parcourir cette distance et v la vitesse moyenne réalisée.

▶ **2.** Appliquer la formule donnant le volume d'un pavé droit (voir formulaire).

▶ **3.** Soit P un prix. Une augmentation de ce prix de n % se traduit par une augmentation de $\frac{n}{100} \times \text{P}$.

Exercice 5

Appliquer le théorème de Pythagore au triangle ACE rectangle en C.

Exercice 6

▶ **3.** Chercher quelles sont les issues qui permettraient à Paul de gagner la partie à son troisième lancer.

Exercice 7

▶ **1.** Appliquer la formule, donnée dans l'énoncé, indiquant la vitesse de l'eau qui s'écoule par la vantelle.

▶ **2.** Utiliser la formule $v = \sqrt{2g(h - x)}$.

▶ **3.** Lire l'ordonnée du point situé sur le graphique dont l'abscisse est 3,4.

Exercice 8

▶ **1.** Appliquer la formule donnant l'aire d'un disque (voir formulaire).

▶ **2.** Appliquer la formule $q = \text{S} \times v$ donnée dans l'énoncé.

Exercice 9

Calculer la distance AH, puis la mesure de l'angle $\widehat{\text{PAH}}$ et utiliser une relation trigonométrique dans le triangle PHA rectangle en H.

CORRIGÉ 3

Exercice 1

▶ **1.** Posons $A = \left(\dfrac{2}{7} + \dfrac{3}{7}\right) \div \dfrac{1}{5}$.

Effectuons d'abord le calcul à l'intérieur de la parenthèse.

$A = \dfrac{5}{7} \div \dfrac{1}{5}$ soit $A = \dfrac{5}{7} \times \dfrac{5}{1}$ ou encore $A = \dfrac{25}{7}$. La bonne réponse est B.

▶ **2.** Utilisons l'algorithme d'Euclide.

$133 = 1 \times 84 + 49$

$84 = 1 \times 49 + 35$

$49 = 1 \times 35 + 14$

$35 = 2 \times 14 + 7$

$14 = 2 \times 7 + 0.$

Le dernier reste non nul est 7, qui est donc le PGCD des nombres 84 et 133. La bonne réponse est B.

▶ **3.** Il faut résoudre l'inéquation $-3x + 5 \geqslant 9$.

POINT MÉTHODE

Résoudre une inéquation du premier degré dont l'inconnue est *x*

Voici les étapes de la recherche de solution :

❶ Simplifier le plus possible chaque membre de l'inéquation.
Ici $-3x + 5 \geqslant 0$.

❷ Regrouper les termes relatifs à l'inconnue x dans un membre et les termes connus dans l'autre membre.
Ici : $-3x \geqslant 9 - 5$.

❸ Simplifier chaque membre de l'inégalité afin d'obtenir une inéquation de la forme $ax > b$ ou $ax < b$ (les inégalités peuvent être au sens large).
Ici : $-3x \geqslant 4$.

❹ On divise chaque membre de l'inégalité par a (différent de 0).
- Si $a > 0$, on ne change pas le sens de l'inégalité.
- Si $a < 0$, on change le sens de l'inégalité.

Ici : $x \leqslant -\dfrac{4}{3}$.

Nous avons donc $-3x \geqslant 9-5$ ou encore $-3x \geqslant 4$ soit $x \leqslant \frac{4}{-3}$.

En effet, lorsqu'on divise chacun des membres d'une inéquation par un même nombre négatif, il faut changer le sens de l'inégalité. Il vient $x \leqslant -\frac{4}{3}$.

La bonne réponse est A.

▶ **4.** Posons $B = (1+\sqrt{2})^2$.

Utilisons l'identité remarquable $(a+b)^2 = a^2 + 2ab + b^2$. Il vient :

$B = 1^2 + 2 \times 1 \times \sqrt{2} + (\sqrt{2})^2$ ou encore $B = 3 + 2\sqrt{2}$.

La bonne réponse est C.

Exercice 2

▶ **1.** Le boudin un composé de 2 demi-sphères de même rayon et d'un cylindre.

Notons $\mathcal{V}_1$ le volume des deux demi-sphères (c'est-à-dire le volume de la sphère entière) et $\mathcal{V}_2$ le volume du cylindre.

Le diamètre de la sphère ainsi que le diamètre de la base du cylindre mesurent 16 cm, donc le rayon mesure 8 cm.

$\mathcal{V}_1 = \frac{4}{3} \times \pi \times 8^3 = \frac{2\ 048}{3}\pi \text{ cm}^3$

$\mathcal{V}_2 = \pi \times 8^2 \times 50 = 3\ 200\pi \text{ cm}^3$.

Notons $\mathcal{V}$ le volume du « boudin ».

$\mathcal{V} = \mathcal{V}_1 + \mathcal{V}_2$ soit $\mathcal{V} = \frac{2\ 048}{3}\pi + 3\ 200\pi$.

$\boxed{\mathcal{V} = \frac{11\ 648}{3}\pi \text{ cm}^3}$ est la valeur exacte du volume du « boudin ».

$\boxed{\mathcal{V} = 12\ 197{,}76 \text{ cm}^3}$ est une valeur arrondie au centième du volume du « boudin ».

Exercice 3

▶ **1.** Nous savons que $d = v \times t$ où d désigne la distance parcourue, t le temps mis pour parcourir cette distance et v la vitesse moyenne réalisée. Ici nous avons $d = 240$ km et $v = 8$ km/h. Nous obtiendrons le temps en heures.

Alors $t = \dfrac{d}{v}$ soit $t = \dfrac{240}{8}$ ou encore $t = 30$ h.

Conclusion : il faudra au moins 30 heures pour effectuer ce trajet.

▶ **2.** Nous savons que le volume $\mathscr{V}$ d'un pavé droit est donné par la formule :

$$\mathscr{V} = \text{longueur} \times \text{largeur} \times \text{hauteur}$$

soit $\mathscr{V} = 30 \times 8{,}4 \times 3 = 756$.

Le volume de l'écluse est de 756 m^3.

▶ **3.** Soit P le prix de la location du bateau pendant la première période. Alors P = 882 euros. Une augmentation de ce prix de 27 %, se traduit par une augmentation de $\dfrac{27}{100} \times 882$ soit 238,14 euros.

Le prix P′ de la location de ce bateau pendant la seconde période est $P' = 882 + 238{,}14$ soit $P' = 1\,120{,}14$ euros.

Exercice 4

▶ **1.** Dans la cellule M5, on peut saisir la formule = SOMME(B3:L3)

▶ **2.** Notons d le dénivelé du parcours alors :

$d = 2{,}44 + 4{,}85 + 3{,}08 + 2{,}62 - 2{,}58 - 5{,}58 - 6{,}78 - 2{,}24 - 2{,}63 - 9{,}42 - 5{,}23$ soit $d = -21{,}47$ m.

▶ **3.** Le dénivelé est négatif. Il s'agit d'un parcours globalement descendant.

Exercice 5

Appliquons le théorème de Pythagore au triangle ACE rectangle en C.

$CE^2 + CA^2 = AE^2$ ou encore $CE^2 = AE^2 - CA^2$.

ABCD est un rectangle, donc AC = BD = 34 cm.

Alors $CE^2 = 56^2 - 34^2$ soit $CE^2 = 1\,980$ et

$CE = \sqrt{1\,980}$.

CE = 44,5 cm est une valeur approchée au dixième près.

Puisque la hauteur de l'assise du siège, c'est-à-dire CE, doit être comprise entre 44 cm et 46 cm, la hauteur de ce siège est adaptée à Nicolas.

Attention
Toutes les données ne sont pas utiles pour répondre à la question posée.

Exercice 6

▶ **1.** Lorsqu'on lance un dé équilibré, la probabilité d'obtenir n'importe quel chiffre de 1 à 6 est la même. Elle est égale à $\frac{1}{6}$. Donc la probabilité d'obtenir un « 1 » est égale à celle d'obtenir un « 5 ».

▶ **2.** Quand on lance simultanément les 2 dés, il existe 6 issues pour le dé jaune et 6 issues pour le dé rouge.

Conclusion : le lancer des 2 dés amène à 6×6 soit 36 issues possibles.

> **Astuce**
> On peut aussi bâtir un tableau à double entrée et indiquer tous les couples de résultats possibles. Alors il est aisé de répondre aux questions **2** et **3**.

▶ **3.** Pour gagner au troisième lancer Paul, qui a déjà obtenu 650 points, doit gagner à ce lancer au moins 350 points. Il doit donc réaliser :

soit (1 ; 1) qui rapporte 1 000 points ;

soit (4 ; 4) qui rapporte 400 points ;

soit (5 ; 5) qui rapporte 500 points ;

soit (6 ; 6) qui rapporte 600 points.

Il existe donc 4 issues favorables parmi les 36 issues possibles.

La probabilité pour que Paul gagne la partie à son troisième lancer est égale à $\frac{4}{36}$ soit $\boxed{\frac{1}{9}}$

Exercice 7

▶ **1.** Nous savons que $v = \sqrt{2g(h-x)}$.

À l'instant de l'ouverture de la vantelle, $h = 4{,}3$ m et $x = 1{,}8$ m. Alors :

$v = \sqrt{2 \times 9{,}81 \times (4{,}3 - 1{,}8)}$ soit $v = 7$ m/s valeur arrondie à l'unité.

▶ **2.** Nous remarquons que $v = 0$ lorsque $x = h$.

Dans ce cas, la hauteur de l'eau contenue dans l'écluse est égale à la hauteur de l'eau en amont.

▶ **3.** Nous lisons que le point situé sur le graphique et d'abscisse 3,4 a pour ordonnée environ 4,2.

Conclusion : lorsque la hauteur de l'eau dans l'écluse est de 3,4 m, alors la vitesse d'écoulement est d'environ 4,2 m/s.

Exercice 8

▶ **1.** Notons S l'aire de la vantelle en forme de disque. Nous avons R = 30 cm = 0,3 m. Alors :

$S = \pi \times R^2$ soit $S = \pi \times 0{,}3^2\ \text{m}^2$ ou encore $\boxed{S = 0{,}09\pi\ \text{m}^2}$

▶ **2.** Nous savons que $q = S \times v$ soit $q = 0{,}09\pi \times 2{,}8$ ou encore

$\boxed{q = 0{,}792\ \text{m}^3/\text{s}}$ valeur arrondie au millième.

▶ **3.** Notons t le temps nécessaire au remplissage de l'écluse de volume V.

Nous avons $t = \dfrac{V}{q} = \dfrac{756}{0{,}792}$ soit $t = 955$ s.

Nous savons que 15 minutes correspondent à 900 secondes. Il faudra donc attendre un peu plus de 15 minutes.

Exercice 9

Le triangle APB est isocèle puisque PA = PB. La hauteur (PH) est aussi la médiatrice de [AB] et le point H est le milieu du segment [AB].

Nous avons donc $AH = \dfrac{AB}{2} = 2{,}9$ m et

$\widehat{PAH} = 90° - 55° = 35°$.

Dans le triangle PHA rectangle en H, nous avons

$\cos\widehat{PAH} = \dfrac{AH}{PA}$.

$PA = \dfrac{AH}{\cos\widehat{PAH}}$ ou encore $PA = \dfrac{2{,}9}{\cos 35°}$.

$\boxed{PA = 3{,}54\ \text{m}}$ valeur arrondie au cm.

> **Conseil**
> Il est facile d'obtenir la mesure de l'angle $\widehat{PAH}$ et de calculer la mesure du côté adjacent à cet angle. On cherche la longueur de l'hypoténuse du triangle PHA rectangle en H. D'où l'idée de calculer $\cos\widehat{PAH}$.

Sujet complet d'Afrique 2014

Exercice 1 (6 points)
Feuille de calcul

Voici une feuille de calcul obtenue à l'aide d'un tableur.
Dans cet exercice, on cherche à comprendre comment cette feuille a été remplie.

	A	B	C
1	216	126	90
2	126	90	36
3	90	36	54
4	54	36	18
5	36	18	18
6	18	18	0

▶ **1.** En observant les valeurs du tableau, proposer une formule à entrer dans la cellule C1, puis à recopier vers le bas.

▶ **2.** Le tableur fournit deux fonctions MAX et MIN. À partir de deux nombres, MAX renvoie la valeur la plus grande et MIN la plus petite (par exemple MAX(23 ; 12) = 23).
Quelle formule a été entrée dans la cellule A2, puis recopiée vers le bas ?

Dans cette question, on laissera sur la copie toutes les traces de recherche. Elles seront valorisées.

▶ **3.** Que représente le nombre figurant dans la cellule C5, par rapport aux nombres 216 et 126 ?

▶ **4.** La fraction $\frac{216}{126}$ est-elle irréductible ? Si ce n'est pas le cas, la rendre irréductible en détaillant les calculs.

Exercice 2 (3 points)
Problème posé par Léonard de Pise

Socle commun

À Pise vers 1200 après J.-C. (problème attribué à Léonard de Pise, dit Fibonacci, mathématicien italien du Moyen Âge).
Une lance, longue de 20 pieds*, est posée verticalement le long d'une tour considérée comme perpendiculaire au sol. Si on éloigne l'extrémité de la lance qui repose sur le sol de 12 pieds de la tour, de combien descend l'autre extrémité de la lance le long du mur ?

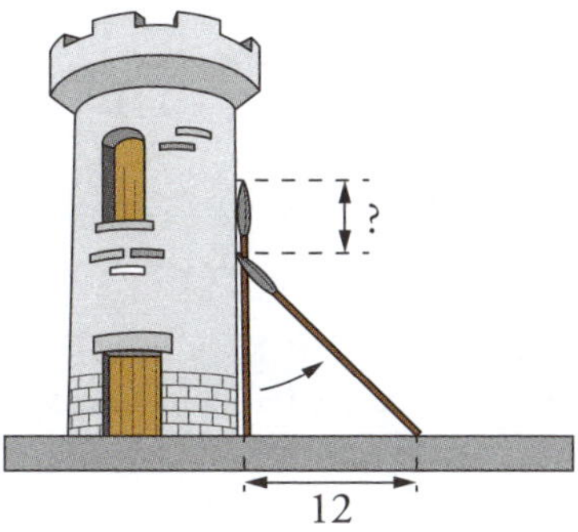

* Un pied est une unité de mesure anglo-saxonne valant environ 30 cm.

Exercice 3 (6 points)
Petit questionnaire de géométrie

Attention ! les figures tracées ne respectent ni les mesures de longueur, ni les mesures d'angle.

Répondre par « vrai » ou « faux » ou « on ne peut pas savoir » à chacune des affirmations suivantes et expliquer votre choix.

▶ **1.** Tout triangle inscrit dans un cercle est rectangle.

▶ **2.** Si un point M appartient à la médiatrice d'un segment [AB] alors le triangle AMB est isocèle.

▶ **3.** Dans le triangle ABC suivant, AB = 4 cm.

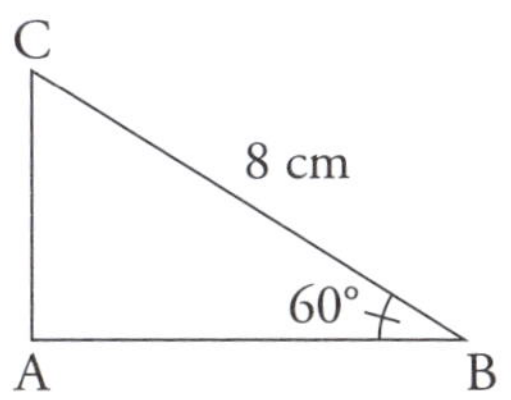

▶ **4.** Le quadrilatère ABCD suivant est un carré.

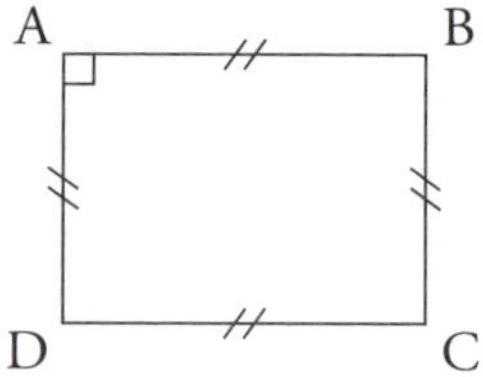

Exercice 4 (5 points)
Pyramide du Louvre

Paul en visite à Paris admire la pyramide réalisée en verre feuilleté au centre de la cour intérieure du Louvre.

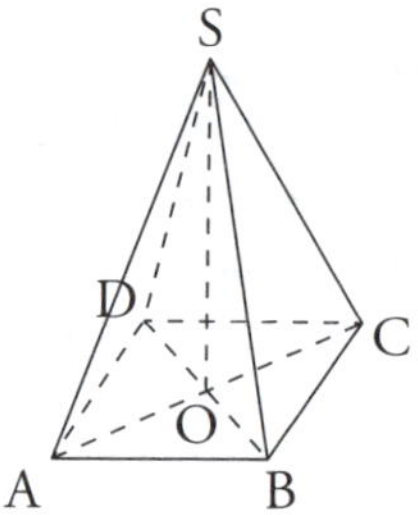

Cette pyramide régulière a :
- pour base, un carré ABCD de côté 35 mètres ;
- pour hauteur, le segment [SO] de longueur 22 mètres.

Paul a tellement apprécié cette pyramide qu'il achète comme souvenir de sa visite une lampe à huile dont le réservoir en verre est une réduction à l'échelle $\frac{1}{500}$ de la vraie pyramide.

Le mode d'emploi de la lampe précise que, une fois allumée, elle brûle 4 cm^3 d'huile par heure.

Au bout de combien de temps ne restera-t-il plus d'huile dans le réservoir ? Arrondir à l'unité d'heures.

Rappel : Volume d'une pyramide = un tiers du produit de l'aire de la base par la hauteur.

Faire apparaître sur la copie la démarche utilisée. Toute trace de recherche sera prise en compte lors de l'évaluation même si le travail n'est pas complètement abouti.

Exercice 5 (3 points)
Petit calcul mental

▶ **1.** Développer et réduire l'expression : $(2n + 5)(2n - 5)$ où n est un nombre quelconque.

▶ **2.** En utilisant la question **1.**, calculer 205×195.

Exercice 6 (6 points)
Voyage à Marseille

Pour préparer son voyage à Marseille, Julien utilise un site Internet pour choisir le meilleur itinéraire. Voici le résultat de sa recherche.

Calculez votre itinéraire		**59000 Lille – 13000 Marseille**	
Départ 59000 Lille France		Coût estimé	Péage 73,90 € Carburant 89,44 €
		Temps	8 h 47 dont 8 h 31 sur autoroutes
Arrivée 13000 Marseille France		Distance	1 004 km dont 993 km sur autoroutes

▶ **1.** Quelle vitesse moyenne, arrondie au km/h, cet itinéraire prévoit-il pour la portion de trajet sur autoroute ?

▶ **2.** Sachant que la sécurité routière préconise au moins une pause de 10 à 20 minutes toutes les deux heures de conduite, quelle doit être la durée minimale que Julien doit prévoir pour son voyage ?

▶ **3.** Sachant que le réservoir de sa voiture a une capacité de 60 L et qu'un litre d'essence coûte 1,42 €, peut-il faire le trajet avec un seul plein d'essence en se fiant aux données du site Internet ?

Pour cette question, faire apparaître sur la copie la démarche utilisée. Toute trace de recherche sera prise en compte lors de l'évaluation même si le travail n'est pas complètement abouti.

Exercice 7 (7 points)
Degré Celcius, degré Fahrenheit

Il existe différentes unités de mesure de la température : en France on utilise le degré Celsius (°C), aux États-Unis on utilise le degré Fahrenheit (°F).
Pour passer des degrés Celsius aux degrés Fahrenheit, on multiplie le nombre de départ par 1,8 et on ajoute 32 au résultat.

▶ **1.** Qu'indiquerait un thermomètre en degrés Fahrenheit si on le plonge dans une casserole d'eau qui gèle ? On rappelle que l'eau gèle à 0 °C.

▶ **2.** Qu'indiquerait un thermomètre en degrés Celsius si on le plonge dans une casserole d'eau portée à 212 °F ? Que se passe-t-il ?

▶ **3. a)** Si l'on note x la température en degrés Celsius et $f(x)$ la température en degrés Fahrenheit, exprimer $f(x)$ en fonction de x.
b) Comment nomme-t-on ce type de fonction ?
c) Quelle est l'image de 5 par la fonction f ?
d) Quel est l'antécédent de 5 par la fonction f ?
e) Traduire en terme de conversion de température la relation $f(10) = 50$.

LES CLÉS DU SUJET

Exercice 1

▶ **3.** Penser au calcul du PGCD de 2 nombres entiers par la méthode des soustractions successives.
▶ **4.** Pour rendre une fraction irréductible, il faut diviser son numérateur et son dénominateur par leur PGCD.

Exercice 2

Appliquer le théorème de Pythagore au triangle BDC rectangle en D pour obtenir la distance BD.

Exercice 3

▶ **1.** Justifier qu'un **triangle quelconque** est inscrit dans un cercle.
▶ **2.** Justifier que MA = MB.
▶ **3.** Pour utiliser la trigonométrie, il faut avoir un triangle rectangle.
▶ **4.** Revoir les propriétés du carré.

Exercice 4

Calculer le volume V de la pyramide.
En déduire le volume V′ du réservoir de la lampe à huile.
Utiliser la relation $t = \frac{V'}{D}$, où D est le débit, V′ le volume du réservoir de la lampe et t le temps nécessaire pour que le réservoir se vide.

Exercice 5

▶ **1.** Utiliser l'identité remarquable $(a + b)(a - b) = a^2 - b^2$.
▶ **2.** Remplacer n par 100 dans le résultat obtenu à la question précédente.

Exercice 6

▶ **1.** Appliquer la formule $d = v_{moy} \times t$ où d représente la distance parcourue, t le temps mis pour la parcourir et v_{moy} la vitesse moyenne réalisée.

▶ **3.** Calculer le nombre de litres d'essence nécessaires pour effectuer le parcours d'après le site Internet. Comparer ce résultat à la capacité du réservoir.

Exercice 7

▶ **1.** Appliquer les consignes données dans l'énoncé pour transformer des degrés Celsius en degrés Fahrenheit.

▶ **3. c)** Calculer $f(5)$.

d) Résoudre l'équation $f(x) = 5$.

e) Utiliser l'expression de $f(x)$ trouvée à la question **3. a)**.

CORRIGÉ 4

Exercice 1

▶ **1.** On remarque que les nombres de la colonne A diminués de ceux de la colonne B donnent les nombres de la colonne C.

Donc en C1 on entre la formule = A1-B1, puis on recopie cette formule vers le bas.

▶ **2.** En A2 on entre la formule = MAX(B1 ; C1), puis on recopie cette formule vers le bas.

Remarque : En B2 on entre la formule = MIN(B1 ; C1), puis on recopie cette formule vers le bas.

▶ **3.** Le nombre figurant dans la cellule C5 représente le PGCD des nombres 216 et 126. En effet c'est le dernier reste non nul obtenu par la méthode des soustractions successives.

▶ **4.** Posons $F = \frac{216}{126}$. Cette fraction n'est pas irréductible. En effet 216 et 126 sont des nombres pairs donc divisibles par 2.

Pour rendre cette fraction irréductible, il faut diviser le numérateur et le dénominateur par leur PGCD.

$F = \frac{12 \times 18}{7 \times 18}$ ou encore $\boxed{F = \frac{12}{7}}$

Exercice 2

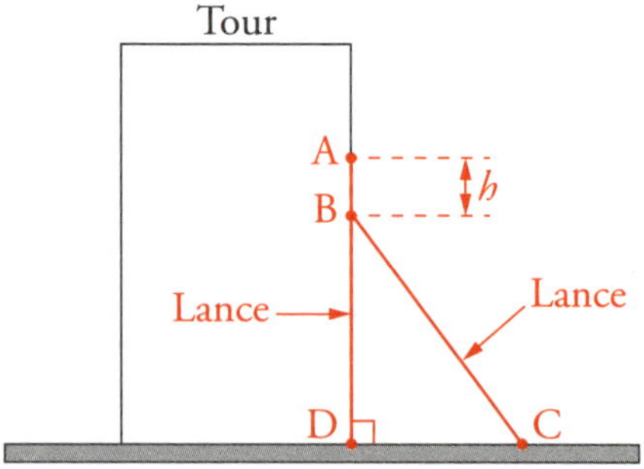

Nous savons que :

AD = BC = 20 pieds et DC = 12 pieds. De plus la tour est perpendiculaire au sol, donc le triangle BDC est rectangle en D. Appliquons le théorème de Pythagore. Nous obtenons $BC^2 = BD^2 + DC^2$.

$BD^2 = BC^2 - DC^2$ soit $BD^2 = 20^2 - 12^2 = 256$.

Alors $BD = \sqrt{256}$ et BD = 16 pieds.

Nous savons que $AB = h = AD - BD$ et alors $h = 20 - 16 = 4$.

$h = 4$ pieds

Exercice 3

▶ **1.** Faux.

En effet un triangle quelconque est inscrit dans un cercle dont le centre est le point de concours des médiatrices des côtés du triangle. Donc tout triangle inscrit dans un cercle n'est pas nécessairement rectangle.

Rappel
Pour que le triangle soit rectangle, il faudrait que son plus grand côté soit un diamètre de son cercle circonscrit.

▶ **2.** Vrai.

En effet tout point situé sur la médiatrice d'un segment est équidistant des extrémités de ce segment. Donc MA = MB et le triangle AMB est isocèle en M.

▶ **3.** On ne peut pas savoir.

En effet nous ne savons pas si le triangle CAB est rectangle. Nous ne pouvons donc pas appliquer la trigonométrie.

▶ **4.** Vrai.

En effet le quadrilatère ABCD possède ses 4 côtés égaux et un angle droit (d'après le codage de la figure). ABCD est donc un carré.

Exercice 4

Calculons le volume V de la pyramide en utilisant la formule rappelée dans l'énoncé. Nous trouvons $V = \frac{1}{3} \times 35^2 \times 22$ soit $V = \frac{26\,950}{3}$ m^3.

Notons V′ le volume du réservoir de la lampe à huile. Ce réservoir est une réduction de la pyramide du Louvre dans le rapport $\frac{1}{500}$.

Donc $V' = \left(\frac{1}{500}\right)^3 \times V$ soit $V' = \left(\frac{1}{500}\right)^3 \times \frac{26\,950}{3}$ m^3.

Exprimons V′ en cm^3. Nous savons que $1\,\text{m}^3 = 1\,000\,000\ \text{cm}^3 = 10^6\,\text{cm}^3$.

$V' = \left(\frac{1}{500}\right)^3 \times \frac{26\,950}{3} \times 10^6\ \text{cm}^3$ ou $V' = 71{,}867\ \text{cm}^3$.

Utilisons la relation $t = \frac{V'}{D}$, où D est le débit, V′ le volume du réservoir de la lampe et t le temps nécessaire pour que le réservoir se vide.

$t = \frac{71{,}867}{4}$ soit $\boxed{t = 18\ \text{h}}$ valeur arrondie à l'unité.

> **Attention**
> Pour obtenir le temps en heures il convient, par exemple, de prendre le volume en cm^3 et le débit en cm^3/h.

Exercice 5

▶ **1.** Utilisons l'identité remarquable $(a+b)(a-b) = a^2 - b^2$.

Nous obtenons $(2n+5)(2n-5) = (2n)^2 - (5)^2$ ou encore :

$$(2n+5)(2n-5) = 4n^2 - 25.$$

▶ **2.** Remplaçons n par 100 dans le résultat obtenu à la question précédente. Nous obtenons :

$(200+5)(200-5) = 4 \times 100^2 - 25$ ou encore $205 \times 195 = 39\,975$.

Exercice 6

▶ **1.** Appliquons la formule $d = v_{\text{moy}} \times t$ où d représente la distance parcourue, t le temps mis pour la parcourir et v_{moy} la vitesse moyenne réalisée. Nous savons que $d = 993$ km et $t = 8 + \frac{31}{60}$ h.

> **Attention**
> Vous devez calculer la vitesse moyenne réalisée sur l'autoroute donc sur 993 km !

Donc $v = \frac{993}{\left(8 + \frac{31}{60}\right)}$ ou encore $\boxed{v = 117\ \text{km/h}}$ valeur arrondie au km/h.

▶ **2.** Le temps estimé pour effectuer le trajet est de 8 h 47 min. Une pause de 10 minutes toutes les deux heures entraîne un temps de pause de 40 minutes pour 8 h 47 min de conduite.

La durée minimale du voyage est donc égale à 8 h 47 min + 40 min soit 9 h 27 min

▶ **3.** Le site consulté indique que le coût estimé en essence est de 89,44 euros. De plus le litre de carburant est à 1,42 euro.

Appelons N le nombre de litres d'essence nécessaires. Nous avons $N = \frac{89,44}{1,42}$ soit environ 63 litres. La capacité du réservoir n'est que de 60 litres.

Conclusion : Julien ne pourra effectuer le trajet avec un seul plein d'essence !

Exercice 7

▶ **1.** Notons F_1 la température en degrés Fahrenheit correspondant à 0 degré Celsius. Nous avons $F_1 = 1{,}8 \times 0 + 32$ ou $F_1 = 32$ °F.

▶ **2.** Ici nous avons $F_2 = 212$ degrés Fahrenheit. Cela correspond à $\frac{212 - 32}{1{,}8}$ degrés Celsius c'est-à-dire 100 °C. Alors l'eau bout.

▶ **3. a)** Nous avons $f(x) = 1{,}8x + 32$.

b) L'expression algébrique de la fonction f est du genre $f(x) = ax + b$ avec $a = 1{,}8$ et $b = 32$. La fonction f est affine.

c) Nous avons $f(5) = 1{,}8 \times 5 + 32 = 41$. L'image de 5 par la fonction f est 41.

d) Résolvons l'équation $5 = 1{,}8x + 32$.

Nous obtenons $1{,}8x = 5 - 32$ soit $x = \frac{-27}{1{,}8}$ ou encore $x = -15$.

Conclusion : l'antécédent de 5 par la fonction f est –15.

e) Si $f(10) = 50$, alors nous avons $f(10) = 1{,}8 \times 10 + 32 = 50$. Cela signifie qu'une température de 10 °C correspond à 50 °F.

Sujet complet de Polynésie française 2014

Indication portant sur l'ensemble du sujet. Toutes les réponses doivent être justifiées, sauf si une indication contraire est donnée. Pour chaque question, si le travail n'est pas terminé, laisser tout de même une trace de la recherche ; elle sera prise en compte dans la notation.

Exercice 1 (4 points)
Des boules de 3 couleurs

Socle commun

On place des boules toutes indiscernables au toucher dans un sac. Sur chaque boule colorée est inscrite une lettre. Le tableau suivant présente la répartition des boules :

Lettre \ Couleur	Rouge	Vert	Bleu
A	3	5	2
B	2	2	6

▶ **1.** Combien y a-t-il de boules dans le sac ?

▶ **2.** On tire une boule au hasard, on note sa couleur et sa lettre.

a) Vérifier qu'il y a une chance sur dix de tirer une boule bleue portant la lettre A.

b) Quelle est la probabilité de tirer une boule rouge ?

c) A-t-on autant de chance de tirer une boule portant la lettre A que de tirer une boule portant la lettre B ?

Exercice 2 (4 points)
Étude d'un étayage

Pour construire un mur vertical, il faut parfois utiliser un coffrage et un étayage qui maintiendra la structure verticale le temps que le béton sèche. Cet étayage peut se représenter par le schéma suivant. Les poutres de fer sont coupées et fixées de façon que :

- les segments [AB] et [AE] sont perpendiculaires ;
- C est situé sur la barre [AB] ;
- D est situé sur la barre [BE] ;
- AB = 3,5 m ; AE = 2,625 m et CD = 1,5 m.

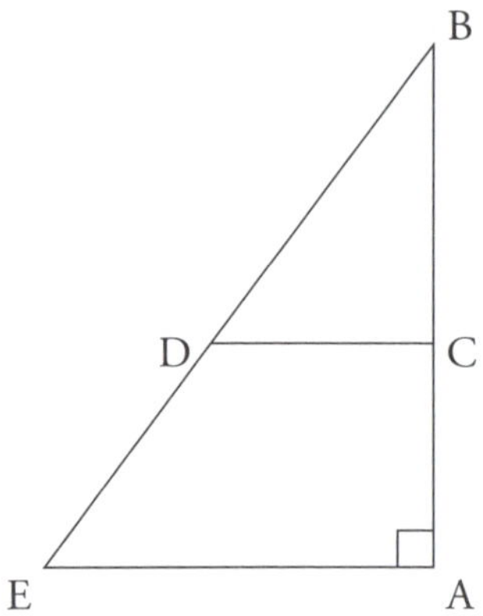

▶ **1.** Calculer BE.

▶ **2.** Les barres [CD] et [AE] doivent être parallèles. À quelle distance de B faut-il placer le point C ?

Exercice 3 (6 points)
Résolution d'une équation à l'aide d'un tableur

La copie d'écran ci-dessous montre le travail effectué par Léa pour étudier trois fonctions f, g et h telles que :

- $f(x) = x^2 + 3x - 7$;
- $g(x) = 4x + 5$;
- h est une fonction affine dont Léa a oublié d'écrire l'expression dans la cellule A4.

Σ = =B1*B1+3*B1–7

	A	B	C	D	E	F
1	x	-2	0	2	4	6
2	$f(x) = x^2 + 3x - 7$	-9	-7	3	21	47
3	$g(x) = 4x + 5$	-3	5	13	21	29
4	$h(x)$	9	5	1	-3	-7

▶ **1.** Donner un nombre qui a pour image -7 par la fonction f.

▶ **2.** Vérifier à l'aide d'un calcul détaillé que $f(6) = 47$.

▶ **3.** Expliquer pourquoi le tableau permet de donner une solution de l'équation $x^2 + 3x - 7 = 4x + 5$.
Quelle est cette solution ?

▶ **4.** À l'aide du tableau, retrouver l'expression algébrique $h(x)$ de la fonction affine h.

Exercice 4 (4 points)
Diviseurs, exposants

Deux affirmations sont données ci-dessous. Pour chacune des affirmations, indiquer si elle est vraie ou fausse. On rappelle que toutes les réponses doivent être justifiées.

Affirmation 1 : Les diviseurs communs à 12 et 18 sont les mêmes que les diviseurs de 6.

Affirmation 2 : $(\sqrt{2})^{50}$ et $(\sqrt{2})^{100}$ sont des nombres entiers.

■ Exercice 5 (4 points)
Consommation des appareils en veille

Les appareils de la maison consomment de l'énergie même quand ils sont en veille.
La feuille de calcul ci-dessous donne la consommation en kilowattheures (kWh) des appareils en veille d'une famille pour une année et les dépenses correspondantes en euros :

	A	B	C	D	E
1	Appareil	Nombre d'appareils	Consommation en veille par an pour un appareil (en kWh)	Prix du kilowattheure (en €)	Dépenses (en €)
2	Téléviseur	3	77	0,13	30,03
3	Ordinateur	1	209	0,13	27,17
4	Parabole	2	131	0,13	34,06
5	Four	1	86	0,13	11,18
6	Démodulateur satellite	3	59	0,13	23,01
7	Lecteur DVD	2	58	0,13	15,08
8	Machine à laver	1	51	0,13	6,63
9	Console de jeu	1	42	0,13	5,46
10	Four à micro-ondes	1	25	0,13	3,25
11	Téléphone sans fil	1	25	0,13	3,25
12	Lave-vaisselle	1	17	0,13	2,21
13	Chargeur batterie	4	13	0,13	6,76
14				**Dépense totale**	**168,09**

Données extraites du site de l'ADEME.

▶ **1. a)** Quel calcul permet de vérifier le résultat 34,06 affiché dans la cellule E4 ?

b) Quelle formule a-t-on saisie dans la cellule E2 avant de la recopier vers le bas ?

c) Une des quatre formules ci-dessous a été saisie dans la cellule E14 pour obtenir le montant total des dépenses dues aux veilles. Recopier sur la copie cette formule.

=SOMME(E2:E13)	=E2:E13	=E2+E13	=SOMME(E2:E14)

▶ **2.** Dans une pièce de cette maison, les appareils qui sont en veille sont :

- un téléviseur
- un ordinateur
- une console de jeu
- un lecteur DVD

La consommation de l'ordinateur représente-t-elle plus de la moitié de la consommation totale des appareils de cette pièce ?

Exercice 6 (8 points)
Deux modèles de piscine

Une famille de quatre personnes hésite entre deux modèles de piscine. Elle regroupe des informations afin de prendre sa décision.

Information 1 : Les deux modèles de piscine.

La piscine « ronde »

Hauteur intérieure : 1,20 m.
Vue du dessus : un cercle de rayon 1,70 m.

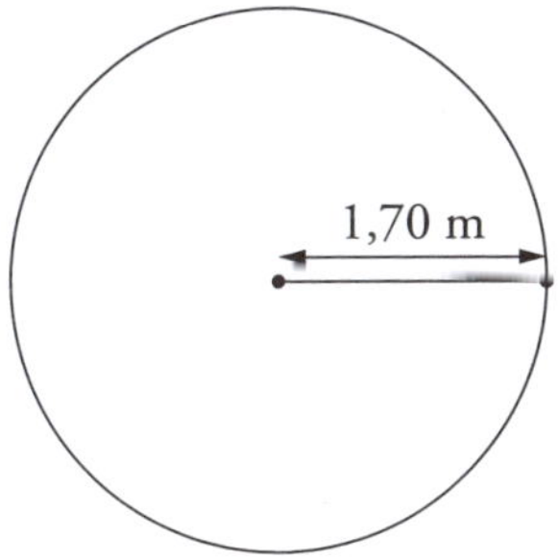

La piscine « octogonale »

Hauteur intérieure : 1,20 m.
Vue du dessus : un octogone régulier de diamètre extérieur 4,40 m.

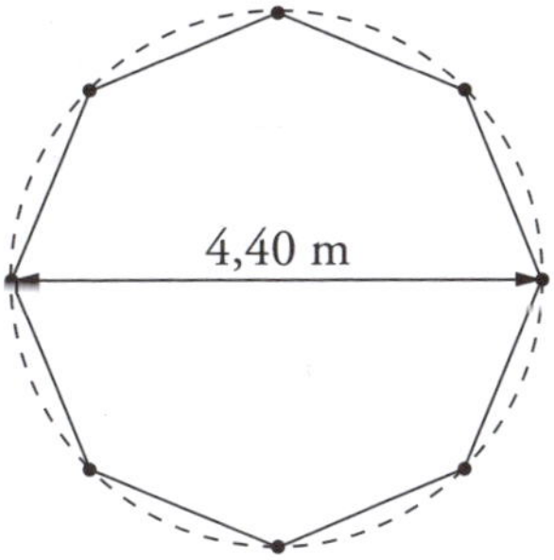

Information 2 :
La construction d'une piscine de surface au sol de moins de 10 m^2 ne nécessite aucune démarche administrative.

Information 3 :
Surface minimale conseillée par baigneur : 3,40 m^2.

Information 4 :
Aire d'un octogone régulier : $\mathscr{A}_{\text{octogone}} = 2\sqrt{2} \times R^2$
où R est le rayon du disque extérieur à l'octogone.

Information 5 :
Débit du robinet de remplissage : 12 litres d'eau par minute.

▶ **1.** Chacun des modèles proposés impose-t-il des démarches administratives ?

▶ **2.** Les quatre membres de la famille veulent se baigner en même temps. Expliquer pourquoi la famille doit dans ce cas choisir la piscine octogonale.

▶ **3.** On commence le remplissage de cette piscine octogonale le vendredi à 14 h 00 et on laisse couler l'eau pendant la nuit, jusqu'au samedi matin à 10 h 00. La piscine va-t-elle déborder ?

Exercice 7 (6 points)
Angles extérieurs d'un triangle

Dans tout cet exercice, on travaille avec des triangles ABC isocèles en A tels que BC = 5 cm. La mesure de l'angle $\widehat{ABC}$ peut varier. On va alors s'intéresser aux angles extérieurs de ces triangles, c'est-à-dire, comme l'indique la figure ci-après, aux angles qui sont supplémentaires et adjacents avec les angles de ce triangle.

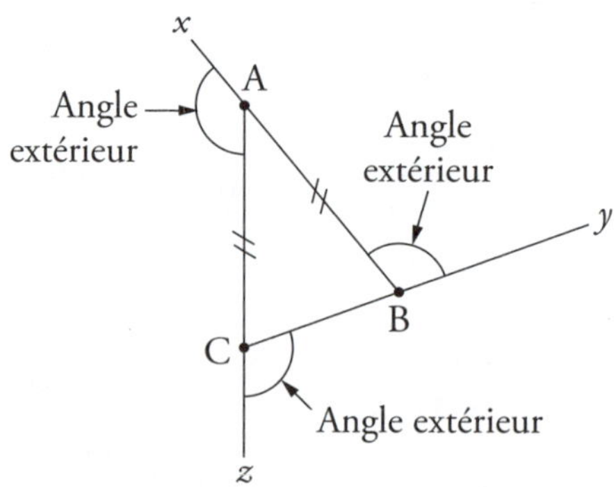

▶ **1.** Dans cette question uniquement, on suppose que $\widehat{ABC} = 40°$.
a) Construire le triangle ABC en vraie grandeur. Aucune justification n'est attendue pour cette construction.
b) Calculer la mesure de chacun de ses 3 angles extérieurs.
c) Vérifier que la somme des mesures de ces 3 angles extérieurs est égale à 360°.

▶ **2.** Est-il possible de construire un triangle ABC isocèle en A tel que la somme des mesures de ses trois angles extérieurs soit différente de 360° ?

LES CLÉS DU SUJET

Exercice 1

▶ **1.** et **2.** Utiliser la formule : $p(\text{E}) = \dfrac{\text{nombre de résultats favorables}}{\text{nombre de résultats possibles}}$.

Exercice 2

▶ **1.** Appliquer le théorème de Pythagore au triangle BAE rectangle en A.
▶ **2.** Appliquer le théorème de Thalès.

Exercice 3

▶ **1.** Lire, sur la copie d'écran, pour quelle valeur de x on a $f(x) = -7$.
▶ **2.** Remplacer x par 6 dans l'expression $f(x) = x^2 + 3x - 7$.
▶ **3.** Lire, sur la copie d'écran, $f(4)$ et $g(4)$. Conclure.
▶ **4.** Puisque h est une fonction affine, alors $h(x) = ax + b$. Déterminer a et b en utilisant la copie d'écran.

Exercice 4

Affirmation 1 : Déterminer tous les diviseurs de 12 et 18. Choisir les diviseurs communs.
Déterminer tous les diviseurs de 6. Conclure.
Affirmation 2 : Remarquer que $(\sqrt{2})^{50} = [(\sqrt{2})^2]^{25} = (2)^{25}$.

Exercice 5

▶ **2.** Lire la consommation de l'ordinateur et calculer celle des appareils situés dans la pièce. Comparer les deux résultats.

Exercice 6

▶ **1.** Calculer les surfaces au sol de chacun des modèles de piscine. Comparer les résultats obtenus à 10 m^2.

▶ **3.** Calculer le volume d'eau contenu dans la piscine au bout de 20 heures de remplissage. Conclure.

Exercice 7

▶ **1. a)** Utiliser une règle graduée et un rapporteur.

b) Utiliser les propriétés suivantes :

- La somme des 3 angles d'un triangle est de 180°.
- $\widehat{ABC} + \widehat{ABy} = 180°$.

▶ **2.** Noter x la mesure en degrés de l'angle $\widehat{ABC}$. Calculer les mesures des 3 angles extérieurs du triangle ABC, puis leur somme. Conclure.

CORRIGÉ 5

Exercice 1

▶ **1.** Notons N le nombre de boules dans le sac.

$N = 3 + 2 + 5 + 2 + 2 + 6$ soit $\boxed{N = 20}$

▶ **2. a)** Notons E_1 l'événement « la boule tirée est bleue **et** porte la lettre A ». Il existe 2 boules bleues portant la lettre A.

Utilisons la formule $p(E_1) = \dfrac{\text{nombre de résultats favorables}}{\text{nombre de résultats possibles}}$.

Alors $p(E_1) = \dfrac{2}{20} = \dfrac{1}{10}$.

Conclusion : l'événement E_1 a une chance sur 10 de se réaliser.

b) Notons E_2 l'événement « la boule tirée est rouge ».

Il existe 5 boules rouges. Donc $p(E_2) = \dfrac{5}{20} = \dfrac{1}{4}$.

c) Notons E_3 l'événement « la boule tirée porte la lettre A ». Il existe 10 boules portant la lettre A. Alors $p(E_3) = \dfrac{10}{20} = \dfrac{1}{2}$.

Astuce
Nous pouvons également remarquer qu'il y a autant de boules portant la lettre A que de boules portant la lettre B. Il y a donc autant de chance de tirer une boule portant la lettre A que de tirer une boule portant la lettre B.

Notons E_4 l'événement « la boule tirée porte la lettre B ». Il existe 10 boules portant la lettre B. Alors $p(E_4) = \frac{10}{20} = \frac{1}{2}$.

Conclusion : $p(E_3) = p(E_4) = \frac{1}{2}$. Il y a autant de chance de tirer une boule portant la lettre A que de tirer une boule portant la lettre B.

Exercice 2

▶ **1.** Appliquons le théorème de Pythagore au triangle BAE rectangle en A.

$BE^2 = AB^2 + AE^2$

$BE^2 = 3{,}5^2 + 2{,}625^2$

$BE^2 = 19{,}140625$

$BE = \sqrt{19{,}140625}$ ou encore $\boxed{BE = 4{,}375 \text{ m}}$

▶ **2.** Les points B, C, A sont alignés dans le même ordre que les points B, D, E. Si les droites (CD) et (AE) sont parallèles, le théorème de Thalès permet d'écrire $\frac{BC}{BA} = \frac{CD}{AE}$ soit $\frac{BC}{3{,}5} = \frac{1{,}5}{2{,}625}$.

Alors $BC = \frac{3{,}5 \times 1{,}5}{2{,}625}$ soit $\boxed{BC = 2 \text{ m}}$

Conclusion : il convient de placer le point C à 2 m du point B.

Exercice 3

▶ **1.** Nous lisons, sur la copie d'écran, $f(0) = -7$. Le nombre 0 admet -7 pour image par la fonction f.

▶ **2.** Remplaçons x par 6 dans l'expression $f(x) = x^2 + 3x - 7$. Il vient $f(6) = 6^2 + 3 \times 6 - 7$ soit $f(6) = 47$.

▶ **3.** Nous lisons sur le tableau $f(4) = g(4) = 21$.

Une solution de l'équation $x^2 + 3x - 7 = 4x + 5$, ou encore $f(x) = g(x)$, est 4.

▶ **4.** La fonction h est affine. Son expression algébrique est $h(x) = ax + b$.

Nous lisons, sur le tableau, que $h(0) = 5$. Donc $b = 5$ et alors $h(x) = ax + 5$.

Nous lisons aussi, sur le tableau, que $h(2) = 1$. Donc $2a + 5 = 1$ et $a = -2$.

Nous en concluons que $\boxed{h(x) = -2x + 5}$

Exercice 4

L'affirmation 1 est exacte.

En effet :

- Les diviseurs de 12 sont : 1, 2, 3, 4, 6, 12.
- Les diviseurs de 18 sont : 1, 2, 3, 6, 9, 18.
- Les diviseurs communs à 12 et à 18 sont : 1, 2, 3, 6.
- Les diviseurs de 6 sont : 1, 2, 3, 6.

Les diviseurs de 12 et 18 sont les mêmes que les diviseurs de 6.

L'affirmation 2 est exacte.

En effet :

$A = (\sqrt{2})^{50} = [(\sqrt{2})^2]^{25}$ soit $A = (2)^{25}$, car $(a^m)^n = a^{m\times n}$. A est un nombre entier.

De même $B = (\sqrt{2})^{100} = [(\sqrt{2})^2]^{50}$ soit $B = (2)^{50}$. B est un nombre entier.

Exercice 5

▶ **1. a)** Nous remarquons que $2 \times 131 \times 0{,}13 = 34{,}06$. Cela représente la dépense annuelle en énergie pour deux paraboles en veille.

b) En E2, il convient de saisir la formule : = B2 × C2 × D2

c) En E14, il convient de saisir la formule : = SOMME(E2 : E13)

▶ **2.** Notons C_1 la consommation annuelle de l'ordinateur.
$C_1 = 209$ kWh.

Notons C_2 la consommation annuelle des appareils situés dans la pièce.
$C_2 = 77 + 209 + 42 + 58$ soit $C_2 = 386$ kWh.

Nous en déduisons $C_1 > \frac{1}{2}C_2$.

Conclusion : la consommation de l'ordinateur représente plus de la moitié de la consommation totale des appareils de la pièce.

Attention
Toutes les données ne sont pas utiles pour répondre aux différentes questions. Vous devez effectuer des choix judicieux en fonction des questions posées !

Exercice 6

▶ **1.** Notons S_1 et S_2 les surfaces au sol respectives de la piscine ronde et de la piscine octogonale.

- Nous savons que $S_1 = \pi \times (R_1)^2$, où R_1 est le rayon de la base.

$S_1 = \pi \times 1{,}7^2$ soit $S_1 = 9{,}079$ m^3 valeur arrondie au dm^3.

• Nous savons aussi que $S_2 = 2\sqrt{2} \times (R_2)^2$, où R_2 est le rayon du cercle circonscrit à l'octogone.

$S_2 = 2\sqrt{2} \times (2,2)^2$ soit $S_2 = 13,690\ m^3$ valeur arrondie au dm^3.

Conclusion : la construction d'une piscine ronde ne demande pas de démarches administratives. Par contre, la piscine octogonale nécessite ce genre de démarches.

▶ **2.** Il faut, au minimum, $3,4\ m^2$ par baigneur soit $13,6\ m^2$ pour 4 personnes qui désirent se baigner en même temps. Le choix de la piscine octogonale s'impose.

▶ **3.** Notons $\mathcal{V}$ le volume de la piscine octogonale.

$\mathcal{V} = S_2 \times 1,2$ ou encore $\mathcal{V} = 13,690 \times 1,2$ soit $\mathcal{V} = 16,428\ m^3$.

Entre vendredi 14 h et samedi 10 h, il s'écoule 20 heures.

Un débit de 12 litres d'eau par minute correspond à 720 litres d'eau par heure. Nous pouvons affirmer que la piscine octogonale recevra 720×20 litres d'eau pendant une période de 20 h.

Conclusion : pendant 20 h la piscine a reçu 14 400 litres ou $14,4\ m^3$.

La piscine ne va pas déborder.

Exercice 7

▶ **1. a)** Voir figure.

Échelle : $\frac{6}{10}$

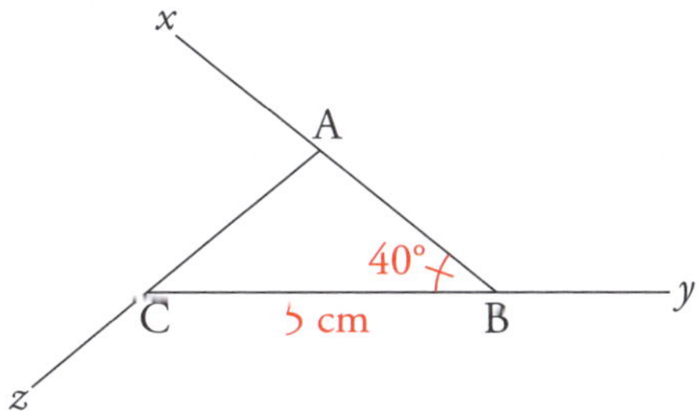

b) Le triangle ABC est isocèle en A, donc $\widehat{ABC} = \widehat{ACB} = 40°$.

De plus $\widehat{ABC} + \widehat{ACB} + \widehat{BAC} = 180°$ car la somme des mesures des 3 angles d'un triangle est égale à 180°.

Alors $\widehat{BAC} = 180° - \widehat{ABC} - \widehat{ACB} = 180° - 40° - 40°$ et $\widehat{BAC} = 100°$.

Nous savons que :

$\widehat{ABC} + \widehat{ABy} = 180°$ soit $\widehat{ABy} = 180° - \widehat{ABC}$ ou encore $\widehat{ABy} = 180° - 40° = 140°$.

De même :

$\widehat{ACB} + \widehat{BCz} = 180°$ soit $\widehat{BCz} = 180° - \widehat{ACB}$ ou encore
$\widehat{BCz} = 180° - 40° = 140°$.

$\widehat{BAC} + \widehat{CAx} = 180°$ soit $\widehat{CAx} = 180° - \widehat{BAC}$ ou encore
$\widehat{CAx} = 180° - 100° = 80°$.

c) Notons s la somme des mesures des angles extérieurs.

$s = \widehat{ABy} + \widehat{BCz} + \widehat{CAx}$ soit $s = 140° + 140° + 80°$

$\boxed{s = 360°}$

▶ **2.** Notons x la mesure en degrés de l'angle $\widehat{ABC}$. En suivant la même méthode qu'à la question précédente, nous avons :

$\widehat{BAC} = 180° - 2x$

$\widehat{ABy} = 180° - x$

$\widehat{BCz} = 180° - x$

$\widehat{CAx} = 180° - (180° - 2x) = 2x$.

Alors $\widehat{ABy} + \widehat{BCz} + \widehat{CAx} = (180° - x) + (180° - x) + 2x = 360°$.

Conclusion : la somme des mesures des 3 angles extérieurs est égale à 360° quel que soit la mesure de l'angle $\widehat{ABC}$. Il n'est donc pas possible de construire un triangle ABC isocèle en A dont la somme des mesures des angles extérieurs soit différente de 360°.

Sujet complet de Pondichéry 2014

Exercice 1 (6 points)
Les dragées du mariage

Emma et Arthur ont acheté pour leur mariage 3 003 dragées au chocolat et 3 731 dragées aux amandes.

▶ **1.** Arthur propose de répartir ces dragées de façon identique dans 20 corbeilles.
Chaque corbeille doit avoir la même composition.
Combien lui reste-t-il de dragées non utilisées ?

▶ **2.** Emma et Arthur changent d'avis et décident de proposer des petits ballotins (un ballotin est un emballage pour confiseries, une boîte par exemple) dont la composition est identique. Ils souhaitent qu'il ne leur reste pas de dragées.
a) Emma propose d'en faire 90. Ceci convient-il ? Justifier.
b) Ils se mettent d'accord pour faire un maximum de ballotins. Combien en feront-ils et quelle sera leur composition ?

Exercice 2 (5 points)
QCM 5 questions

Cet exercice est un questionnaire à choix multiple (QCM). Pour chaque ligne du tableau, trois réponses sont proposées, mais une seule est exacte. Toute réponse exacte vaut 1 point. Toute réponse inexacte ou toute absence de réponse n'enlève pas de point.
Indiquez sur votre copie le numéro de la question et, sans justifier, recopier la réponse exacte (A ou B ou C).

	A	B	C
▶ 1. $\sqrt{(-5)^2}$	n'existe pas.	est égal à -5.	est égal à 5.
▶ 2. Si deux surfaces ont la même aire alors :	elles sont superposables.	elles ont le même périmètre.	leurs périmètres ne sont pas forcément égaux.
▶ 3. Soit f la fonction définie par : $f(x) = 3x - (2x + 7) + (3x + 5)$.	f est une fonction affine.	f est une fonction linéaire.	f n'est pas une fonction affine.
▶ 4. Hicham a récupéré les résultats d'une enquête sur les numéros qui sont sortis ces dernières années au Loto. Il souhaite jouer lors du prochain tirage.	Il vaut mieux qu'il joue les numéros qui sont souvent sortis.	Il vaut mieux qu'il joue les numéros qui ne sont pas souvent sortis.	L'enquête ne peut pas l'aider.
▶ 5. Une expression factorisée de $(x - 1)^2 - 16$ est…	$(x + 3)(x - 5)$	$(x - 4)(x + 4)$	$x^2 - 2x - 15$

Exercice 3 (3 points)
Programme de calcul

Socle commun

« Je prends un nombre entier. Je lui ajoute 3 et je multiplie le résultat par 7. J'ajoute le triple du nombre de départ au résultat et j'enlève 21. J'obtiens toujours un multiple de 10. »
Est-ce vrai ? Justifier.

Si le travail n'est pas terminé, laisser tout de même une trace de la recherche. Elle sera prise en compte dans l'évaluation.

Exercice 4 (7 points)
Deux parcours de santé

Une commune souhaite aménager des parcours de santé sur son territoire. On fait deux propositions au conseil municipal, schématisées ci-après :

- le parcours ACDA ;
- le parcours AEFA.

Ils souhaitent faire un parcours dont la longueur s'approche le plus possible de 4 km.
Peux-tu les aider à choisir le parcours ? Justifie.

Attention ! la figure proposée au conseil municipal n'est pas à l'échelle, mais les codages et les dimensions données sont correctes.

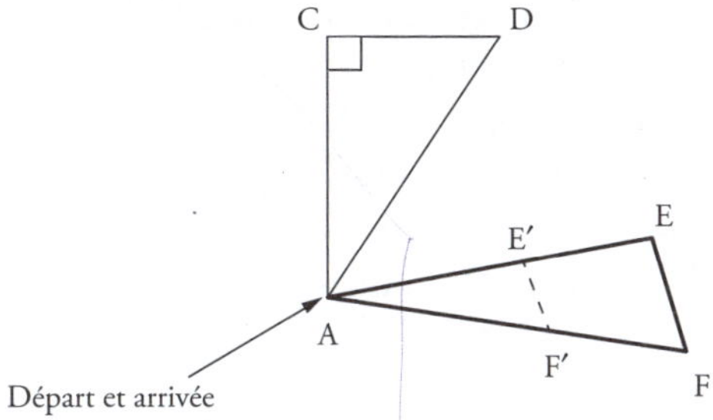

AC = 1,4 km
CD = 1,05 km
AE' = 0,5 km
AE = 1,3 km
AF = 1,6 km
E'F' = 0,4 km
(E'F')//(EF)
L'angle Â dans le triangle AEF vaut 30°.

Exercice 5 (8 points)
Calculer le volume d'une bouteille

Pense-bête : toutes les formules données ci-dessous correspondent bien à des formules d'aires ou de volumes. On ne sait pas à quoi elles correspondent, mais elles peuvent quand même être utiles pour résoudre l'exercice ci-dessous.

$\frac{4}{3}\pi r^3$

$\frac{1}{3} \times$ aire de la base × hauteur

aire de la base × hauteur

πr^2

Voici une bouteille constituée d'un cylindre et d'un tronc de cône surmonté par un goulot cylindrique. La bouteille est pleine lorsqu'elle est remplie jusqu'au goulot.
Les dimensions sont notées sur le schéma.

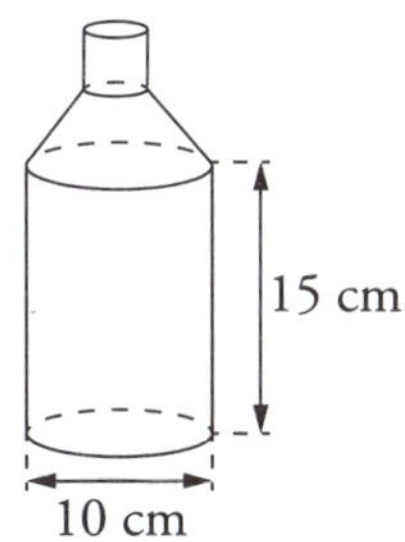

▶ **1.** Calculer le volume exact de la partie cylindrique de la bouteille puis en donner un arrondi au cm^3.

▶ **2.** Pour obtenir le tronc de cône, on a coupé un cône par un plan parallèle à la base passant par O′. La hauteur SO du grand cône est de 6 cm et la hauteur SO′ du petit cône est égale à 2 cm. Le rayon de la base du grand cône est de 5 cm.

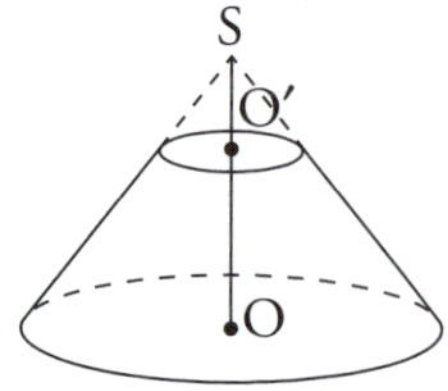

a) Calculer le volume V_1 du grand cône de hauteur SO (donner la valeur exacte).

b) Montrer que le volume V_2 du tronc de cône est égal à $\frac{1300\pi}{27}$ cm^3. En donner une valeur arrondie au cm^3.

▶ **3.** Parmi les quatre graphiques ci-dessous, l'un d'entre eux représente le volume $V(h)$ de la bouteille en fonction de la hauteur h de remplissage du bidon.
Quel est ce graphique ? Pourquoi les autres ne sont-ils pas convenables ?

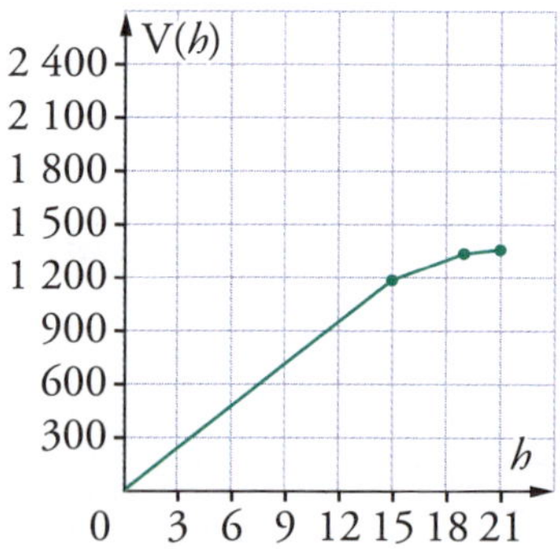

Graphique 1

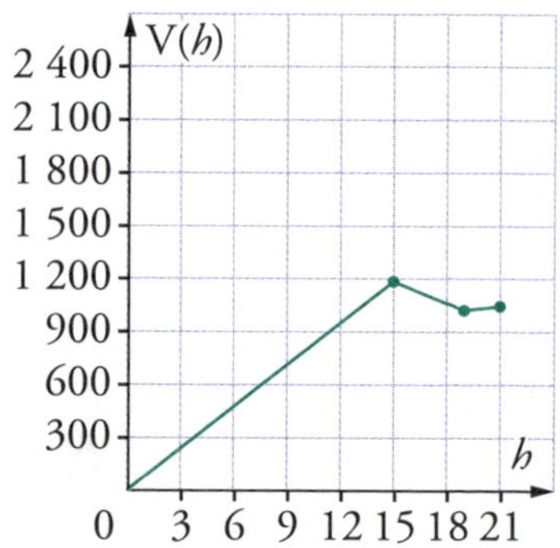

Graphique 2

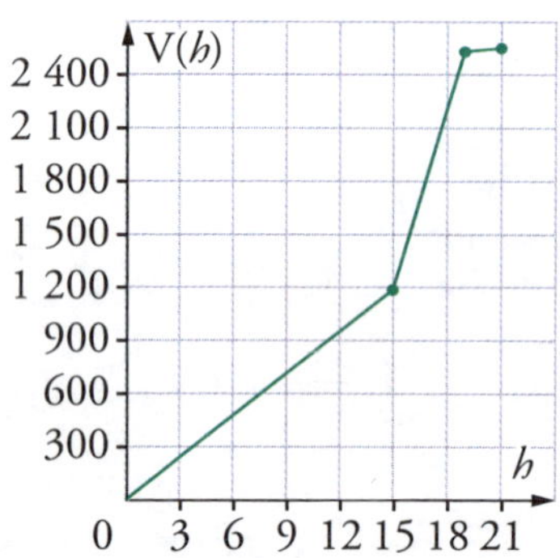

Graphique 3

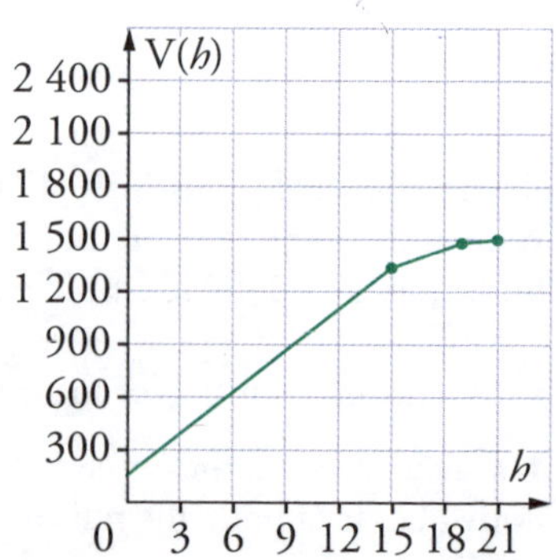

Graphique 4

Exercice 6 (7 points)
Classement des médailles d'or

Voici le classement des médailles d'or reçues par les pays participant aux jeux olympiques pour le cyclisme masculin (source : Wikipédia).

Bilan des médailles d'or de 1896 à 2008

Nation	Or
France	40
Italie	32
Royaume-Uni	18
Pays-Bas	15
États-Unis	14
Australie	13
Allemagne	13
Union Soviétique	11
Belgique	6
Danemark	6
Allemagne de l'Ouest	6
Espagne	5
Allemagne de l'Est	4

Nation	Or
Russie	4
Suisse	3
Suède	3
Tchécoslovaquie	2
Norvège	2
Canada	1
Afrique du Sud	1
Grèce	1
Nouvelle-Zélande	1
Autriche	1
Estonie	1
Lettonie	1
Argentine	1

▶ **1.** Voici un extrait du tableur.

	A	B	C	D	E	F	G	H	I	J	K	L	M	N	O
1	Nombre de médailles d'or	1	2	3	4	5	6	11	13	14	15	18	32	40	
2	Effectif	8	2	2	2	1	3	1	2	1	1	1	1	1	

Quelle formule a-t-on saisie dans la cellule O2 pour obtenir le nombre total de pays ayant eu une médaille d'or ?

▶ **2. a)** Calculer la moyenne de cette série (arrondir à l'unité).

b) Déterminer la médiane de cette série.

c) En observant les valeurs prises par la série, donner un argument qui explique pourquoi les valeurs de la moyenne et de la médiane sont différentes.

▶ **3.** Pour le cyclisme masculin, 70 % des pays médaillés ont obtenu au moins une médaille d'or. Quel est le nombre de pays qui n'ont obtenu que des médailles d'argent ou de bronze (arrondir le résultat à l'unité) ?

Si le travail n'est pas terminé, laisser tout de même une trace de recherche. Elle sera prise en compte dans l'évaluation.

LES CLÉS DU SUJET

Exercice 1

▶ **1.** Déterminer le reste de la division euclidienne de 3 003 par 20 et le reste de la division de 3 731 par 20. Conclure.

▶ **2. a)** Regarder si 90 divise les deux nombres 3 003 et 3 731.

b) Calculer le PGCD de 3 003 et 3 731.

Exercice 2

▶ **1.** Bien remarquer que $\sqrt{(-5)^2}$ est positif.

▶ **2.** Essayer de tracer quelques figures.

▶ **3.** Se souvenir qu'une fonction f définie par $f(x) = ax + b$ est une fonction affine.

▶ **4.** Les numéros obtenus lors d'un tirage au Loto sont indépendants de ceux obtenus aux tirages précédents.

▶ **5.** Appliquer l'identité remarquable $a^2 - b^2 = (a + b)(a - b)$.

Exercice 3

Bien suivre le programme de calcul, étape par étape.

Exercice 4

Pour calculer la longueur du parcours ACDA, utiliser le théorème de Pythagore.

Pour calculer la longueur du parcours AEFA, utiliser le théorème de Thalès.

Comparer les deux longueurs obtenues.

Exercice 5

▶ **1.** Utiliser la formule donnant le volume du cylindre :

$V_{cylindre}$ = aire de la base × hauteur.

▶ **2.** Utiliser la formule donnant le volume du cône :

$V_{cône} = \frac{1}{3} \times$ aire de la base × hauteur .

▶ **3.** Procéder par élimination.

■ **Exercice 6**

▶ **2. a)** Utiliser la définition de la moyenne d'une série statistique (voir formulaire).

b) Utiliser la définition de la médiane d'une série statistique (voir formulaire).

c) Beaucoup de pays ont obtenu peu de médailles d'or. Cela donne une médiane peu élevée.

CORRIGÉ 6

Exercice 1

▶ **1.** Nous remarquons que $3\ 003 = 20 \times 150 + 3$ et que $3\ 731 = 20 \times 186 + 11$.

Conclusion : Arthur pourra faire 20 corbeilles. Chacune de ces corbeilles contiendra 150 dragées au chocolat et 186 dragées aux amandes. Il restera 14 dragées : 3 au chocolat et 11 aux amandes.

▶ **2. a)** 3 003 et 3 731 ne sont pas divisibles par 90.

Conclusion : si Emma met son projet à exécution, il restera des dragées.

b) Pour qu'il ne reste pas de dragées, il faut réaliser un nombre de ballotins qui soit un diviseur de 3 003 et de 3 731. Pour que ce nombre de ballotins soit maximum (c'est-à-dire le plus grand possible), il faut qu'il soit le PGCD de 3 003 et de 3 731.

Calculons le PGCD de 3 003 et de 3 731 en utilisant l'algorithme d'Euclide.

$3\ 731 = 1 \times 3\ 003 + 728$

$3\ 003 = 4 \times 728 + 91$

$728 = 8 \times 91 + 0.$

Le dernier reste non nul est 91 qui est le PGCD recherché.

Il est donc possible de faire au maximum 91 ballotins.

De plus nous remarquons que $3\ 003 = 91 \times 33$ et que $3\ 731 = 91 \times 41$.

Chaque ballotin contiendra 33 dragées au chocolat et 41 dragées aux amandes.

Exercice 2

▶ **1.** La bonne réponse est **C.**

En effet $\sqrt{(-5)}^2 = \sqrt{25} = 5$.

▶ **2.** La réponse **A** est fausse.

En effet un carré de 6 cm de côté a la même aire qu'un rectangle de longueur 12 cm et de largeur 3 cm (c'est-à-dire 36 cm^2). Ces deux surfaces ne sont pourtant pas superposables !

La réponse **B** est également fausse.

En effet si on reprend le contre-exemple du début de cette question, le périmètre du carré mesure 24 cm tandis que celui du rectangle mesure 30 cm. Ces deux périmètres n'ont pas la même mesure.

Conclusion : puisque une seule des réponses proposées est correcte, la réponse **C** est la réponse exacte.

▶ **3.** Nous avons $f(x) = 3x - 2x - 7 + 3x + 5$ soit $f(x) = 4x - 2$.

L'expression algébrique de la fonction f est de la forme $f(x) = ax + b$.

Conclusion : f est une fonction affine et la bonne réponse est **A.**

▶ **4.** La bonne réponse est **C.**

En effet les numéros obtenus lors d'un tirage au Loto sont indépendants de ceux obtenus lors des tirages précédents. L'enquête ne peut pas aider Hicham.

▶ **5.** Utilisons l'identité remarquable $a^2 - b^2 = (a + b)(a - b)$.

Posons $E = (x - 1)^2 - 16$, alors :

$E = (x - 1)^2 - (4)^2$ soit $E = (x - 1 + 4)(x - 1 - 4)$ ou encore $E = (x + 3)(x - 5)$.

Conclusion : la bonne réponse est **A.**

Exercice 3

Notons x le nombre entier choisi.

• Ajoutons 3 à ce nombre. Nous obtenons $x + 3$.

• Multiplions le résultat par 7. Il vient $7(x + 3)$ soit $7x + 21$.

• Ajoutons le triple du nombre de départ, c'est-à-dire $3x$, au résultat précédent. Nous obtenons $7x + 21 + 3x$ ou encore $10x + 21$.

• Enfin enlevons 21. Nous obtenons $10x$.

Conclusion : puisque x est un nombre entier, alors $10x$ est un multiple de 10. L'affirmation est donc vraie.

Exercice 4

• Calcul de la longueur L_1 du parcours ACDA.

Nous avons $L_1 = AC + CD + DA$. Nous savons déjà que AC = 1,4 km et que CD = 1,05 km. Calculons DA.

Appliquons le théorème de Pythagore au triangle ACD rectangle en C.

$DA^2 = AC^2 + CD^2$

$DA^2 = 1{,}4^2 + 1{,}05^2 = 3{,}0625$

$DA = \sqrt{3{,}0625} = 1{,}75$.

Alors $L_1 = 1{,}4 + 1{,}05 + 1{,}75$ soit $\boxed{L_1 = 4{,}2 \text{ km}}$

• Calcul de la longueur L_2 du parcours AEFA.

Nous avons $L_2 = AE + EF + FA$. Nous savons déjà que AE = 1,3 km et que FA = 1,6 km. Calculons EF.

POINT MÉTHODE

Calculer une distance sur une figure géométrique connaissant déjà les mesures de 3 distances et sachant que sur cette figure on a 2 droites parallèles

On utilise le théorème de Thalès. Voici les étapes de la démonstration :

❶ Énoncer les points alignés dans le même ordre.

Ici : Les points A, E′, E et A, F′, F sont alignés dans le même ordre.

❷ Justifier du parallélisme de deux droites bien précises.

Ici : Les droites (E′F′) et (EF) sont parallèles d'après l'énoncé.

❸ Écrire les rapports de Thalès.

Ici : $\dfrac{AE'}{AE} = \dfrac{E'F'}{EF} = \dfrac{AF'}{AF}$.

❹ Remplacer les distances connues par leurs mesures.

Ici : $\dfrac{0{,}5}{1{,}3} = \dfrac{0{,}4}{EF} = \dfrac{AF'}{1{,}6}$.

❺ En déduire la distance cherchée.

Ici, les deux premiers rapports permettent d'écrire :

$0{,}5 \times EF = 0{,}4 \times 1{,}3$ soit EF = 1,04 km.

Les points A, E′, E et A, F′, F sont alignés dans le même ordre et les droites (E′F′) et (EF) sont parallèles.

Appliquons le théorème de Thalès. Nous pouvons écrire $\frac{AE'}{AE}=\frac{E'F'}{EF}$. Soit $\frac{0,5}{1,3}=\frac{0,4}{EF}$ ou encore $0,5\times EF=0,4\times 1,3$.

Nous avons $EF=\frac{0,4\times 1,3}{0,5}$ et $EF=1,04$.

Alors $L_2=1,3+1,04+1,6$ soit $\boxed{L_2=3,94\text{ km}}$

Attention !
Le texte indique que l'angle $\widehat{A}$ du triangle AEF mesure 30°. Cette indication ne sert à rien pour résoudre l'exercice 4 !

Conclusion : le parcours ACDA mesure 0,2 km de plus que les 4 km souhaités et le parcours AEFA mesure 0,06 km de moins que les 4 km souhaités.

Le parcours AEFA est celui qui s'approche le plus possible de 4 km.

Exercice 5

▶ **1.** Notons $\mathcal{V}$ le volume de la partie cylindrique de la bouteille. Nous savons que $V_{\text{cylindre}}=$ aire de la base $\times$ hauteur. La base du cylindre a pour rayon 5 cm et la hauteur du cylindre mesure 15 cm.

$\mathcal{V}=\pi\times 5^2\times 15$ soit $\boxed{\mathcal{V}=375\pi\text{ cm}^3}$

Un arrondi de $\mathcal{V}$ au cm^3 est $\boxed{1\,178\text{ cm}^3}$

▶ **2. a)** Notons $\mathcal{V}_1$ le volume du grand cône. Nous savons que $V_{\text{cône}}=\frac{1}{3}\times$ aire de la base $\times$ hauteur. La base du cône a pour rayon 5 cm et la hauteur du grand cône mesure 6 cm.

$\mathcal{V}_1=\frac{1}{3}\times\pi\times 5^2\times 6$ soit $\boxed{\mathcal{V}_1=50\pi\text{ cm}^3}$

b) Le petit cône est une réduction du grand cône dans le rapport $k=\frac{SO'}{SO}$. Nous avons $k=\frac{2}{6}=\frac{1}{3}$.

Alors $\mathcal{V}_1'=k^3\times\mathcal{V}_1$ où $\mathcal{V}_1'$ représente le volume du petit cône.

$\mathcal{V}_1'=\left(\frac{1}{3}\right)^3\times 50\pi$ soit $\mathcal{V}_1'=\frac{50}{27}\pi\text{ cm}^3$.

Notons $\mathcal{V}_2$ le volume du tronc de cône.

$\mathcal{V}_2=\mathcal{V}_1-\mathcal{V}_1'$

$\mathcal{V}_2=50\pi-\frac{50}{27}\pi$ soit $\mathcal{V}_2=\frac{1\,300}{27}\pi\text{ cm}^3$.

$\boxed{151\text{ cm}^3}$ est une valeur arrondie de $\mathcal{V}_2$ au cm^3.

▶ **3.** Nous savons que lorsque $h = 0$ alors $V(0) = 0$. Cela permet d'éliminer le graphique 4.

Nous savons que le volume du cylindre augmenté du volume du tronc de cône mesure environ $1\,178 + 151$ c'est-à-dire $1\,329$ cm^3. La hauteur $[OO']$ du tronc de cône mesure 4 cm. Donc lorsque $h = 19$ nous devons avoir un volume d'eau d'environ $1\,329$ cm^3. Cela nous permet d'éliminer le graphique 3.

Nous lisons sur le graphique 2 que lorsque h est supérieur à 15 cm, le volume d'eau contenu dans la bouteille diminue : ce qui est impossible. Cela nous permet d'éliminer le graphique 2.

Puisque l'un des 4 graphiques représente le volume d'eau contenu dans la bouteille, nous en déduisons que c'est le graphique 1 qui répond à la question.

Exercice 6

▶ **1.** Il convient de saisir dans la cellule O2 la formule :

=SOMME(B2:N2)

▶ **2. a)** Nous savons que la moyenne m d'une série statistique est égale au quotient de la somme de toutes les valeurs de la série statistique par l'effectif total.

$$m = \frac{8\times1+2\times2+2\times3+2\times4+1\times5+3\times6+1\times11+2\times13+1\times14+1\times15+1\times18+1\times32+1\times40}{26}$$

$m = \dfrac{205}{26}$ ou encore $m = 8$ valeur arrondie à l'unité.

b) Nous savons que la médiane d'une série statistique est la valeur qui partage la série statistique, rangée par ordre croissant (ou décroissant) en deux parties de même effectif. Notons M la médiane.

Rangeons, par exemple, la série en ordre croissant :

1 – 1 – 1 – 1 – 1 – 1 – 1 – 1 – 2 – 2 – 3 – 3 – 4 – 4 – 5 – 6 – 6 – 6 – 11 – 13 – 13 – 14 – 15 – 18 – 32 – 40.

Avant le premier 4 il existe 12 valeurs et après le second 4 il existe aussi 12 valeurs. Nous avons donc M = 4.

> **Conseil**
> Il existe 26 valeurs. Tout nombre situé entre la 13e et la 14e valeur est médiane de la série statistique.
> La 13e valeur est 4 ainsi que la 14e valeur. En conséquence M = 4.

c) La médiane et la moyenne de la série statistique sont différentes. Beaucoup de pays ont obtenu peu de médailles d'or. Cela donne une médiane peu élevée. Quelques pays ont obtenu un très grand nombre de médailles d'or. Cela donne une moyenne assez élevée.

▶ **3.** Notons N le nombre de pays médaillés.

Nous savons que $\frac{70}{100} \times \text{N} = 26$.

Alors $0{,}7 \times \text{N} = 26$ et $\text{N} = \frac{26}{0{,}7}$ soit $\text{N} = 37$ (N est un nombre entier).

Puisque 37 pays ont été médaillés et que 26 d'entre eux ont obtenu au moins une médaille d'or, nous pouvons en conclure que 11 pays n'ont obtenu que des médailles d'argent ou de bronze.

Amérique du Sud • Novembre 2013
Sujet complet

Sujet complet d'Amérique du Sud 2013 (secours)

Exercice 1 (5 points)
QCM 5 questions

Cet exercice est un questionnaire à choix multiples (QCM). Aucune justification n'est demandée.
Pour chacune des questions, trois réponses sont proposées ; une seule est exacte.
Toute réponse inexacte ou toute absence de réponse n'enlève pas de point.
On indiquera sur la copie le numéro de chacune des cinq questions et on recopiera la réponse exacte.

N°	Énoncé	Réponse A	Réponse B	Réponse C
1	$\frac{5}{3}-\frac{2}{3}\div\frac{5}{3}+\frac{2}{3}$ est égal à :	$\frac{3}{3}\div\frac{7}{3}$	$\frac{5}{3}-\frac{2}{5}+\frac{2}{3}$	$\frac{3}{3}\times\frac{3}{5}+\frac{2}{3}$
2	Pour $x=2\sqrt{5}$, l'expression x^2+2x+1 vaut :	$25\sqrt{5}$	$24\sqrt{5}+1$	$21+4\sqrt{5}$
3	L'écriture scientifique de 0,007 23 est :	723×10^{-5}	$7{,}23\times10^{-3}$	$7{,}23\times10^{3}$
4	Soit la fonction f définie par : $f(x)=x^2-x$.	L'image de −1 est −2.	L'image de −1 est 0.	0 a pour antécédents 0 et 1.
5	Un élève a eu les notes suivantes : 6 ; 6 ; 9 ; 11 ; 12 ; 12 ; 14. La médiane de ses notes est :	10	11	12

Exercice 2 (6 points)
Programme de calcul : l'avis d'Henri

On considère les deux programmes de calcul suivants :

Programme A	Programme B
• Choisir un nombre de départ • Soustraire 1 au nombre choisi • Calculer le carré de la différence obtenue • Ajouter le double du nombre de départ au résultat • Écrire le résultat obtenu	• Choisir un nombre de départ • Calculer le carré du nombre choisi • Ajouter 1 au résultat • Écrire le résultat obtenu

▶ **1.** Montrer que, lorsque le nombre de départ est 3, le résultat obtenu avec le programme A est 10.

▶ **2.** Lorsque le nombre de départ est 3, quel résultat obtient-on avec le programme B ?

▶ **3.** Lorsque le nombre de départ est –2, quel résultat obtient-on avec le programme A ?

▶ **4.** Quel(s) nombre(s) faut-il choisir au départ pour que le résultat obtenu avec le programme B soit 5 ?

▶ **5.** Henri prétend que les deux programmes de calcul fournissent toujours des résultats identiques. A-t-il raison ? Justifier la réponse.

Exercice 3 (8 points)
Funiculaire

M. Cotharbet décide de monter au pic Pointu en prenant le funiculaire (un funiculaire est une remontée mécanique équipée de véhicules circulant sur des rails en pente) entre la gare inférieure et la gare supérieure, la suite du trajet s'effectuant à pied.
Sur le dessin ci-dessous, les points I, L et K sont alignés, ainsi que I, S et J.

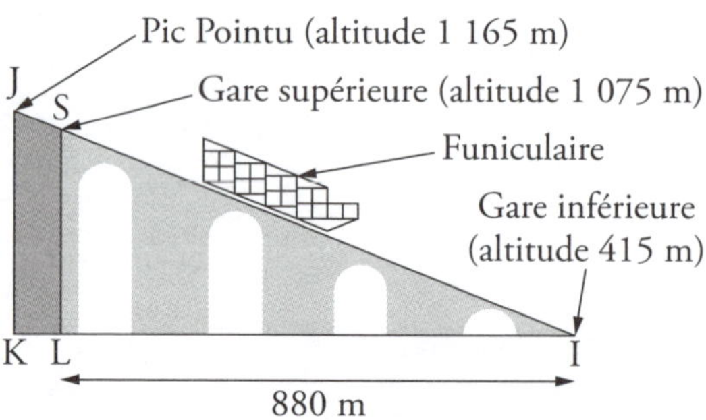

▶ **1.** À l'aide des altitudes fournies, déterminer les longueurs SL et JK.

▶ **2. a)** Montrer que la longueur du trajet SI entre les deux gares est 1 100 m.

b) Calculer une valeur approchée de l'angle $\widehat{SIL}$. On arrondira à un degré près.

▶ **3.** Le funiculaire se déplace à la vitesse moyenne constante de 10 km · h^{-1}, aussi bien à la montée qu'à la descente.
Calculer la durée du trajet aller entre les deux gares. On donnera le résultat en min et s.

▶ **4.** Entre la gare supérieure et le sommet, M. Cotharbet effectue le trajet en marchant.
Quelle distance aura-t-il parcourue à pied ?

Exercice 4 (5 points)
Fabrication de gélules

Un laboratoire pharmaceutique produit des gélules de paracétamol.
Chaque gélule contient 500 mg de produit.
Une gélule est constituée de deux demi-sphères de 7 mm de diamètre et d'un cylindre de hauteur 14 mm.

▶ **1.** L'usine de fabrication produit 5 tonnes de paracétamol (1 tonne = 1 000 kg).
Combien de gélules de 500 mg peut-on produire ?

▶ **2.** Sachant qu'une boîte contient deux plaquettes de 8 gélules chacune, combien de boîtes peuvent être produites avec ces 5 tonnes ?

▶ **3.** Calculer le volume d'une gélule. On arrondira à 1 mm^3 près.

On rappelle que le volume d'une boule de rayon R est donné par la formule $V = \frac{4}{3}\pi R^3$ et le volume d'un cylindre de hauteur h et dont la base a pour rayon R est $V = \pi R^2 h$.

Exercice 5 (8 points)
Enclos rectangulaire adossé à une grange

Un éleveur a acheté 40 m de grillage ; il veut adosser un enclos rectangulaire à sa grange, contre un mur de 28 m de long.

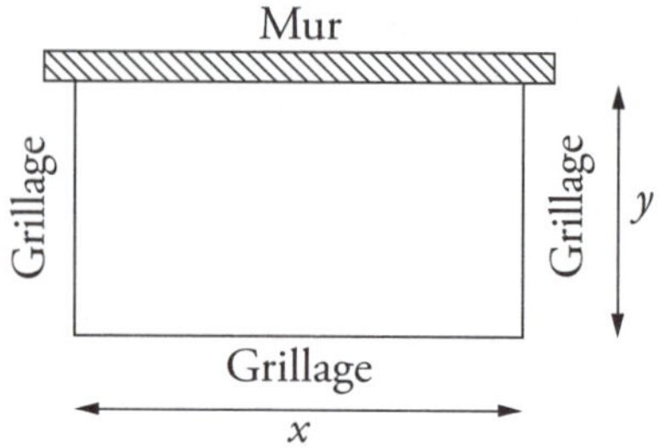

Il souhaite offrir ainsi le maximum de place à ses brebis en utilisant le grillage.

▶ **1. a)** Pour $x = 4$ m, calculer la longueur y, puis l'aire $\mathscr{A}$ de l'enclos en m^2.

b) Recopier et compléter le tableau ci-dessous :

x (en m)	4	10	20	28
y (en m)				
$\mathscr{A}$ (en m^2)				

▶ **2.** Déterminer y en fonction de x.
En déduire que $\mathscr{A} = 20x - 0{,}5x^2$.

▶ **3.** Voici la plage de cellules réalisées dans un tableur-grapheur qui permettra de calculer la valeur de $\mathscr{A}$.

	A	B
1	Valeur de x	Valeur de $\mathscr{A}$
2	4	
3	6	
4	8	
5	10	
6	12	
7	14	
8	16	
9	18	
10	20	
11	22	
12	24	
13	26	
14	28	

Quelle formule doit-il saisir dans la cellule B2 et qui pourra être étendue sur toute la colonne B ?

▶ **4.** Le graphique ci-dessous représente l'aire $\mathcal{A}$ en fonction de la longueur x comprise entre 4 m et 28 m.

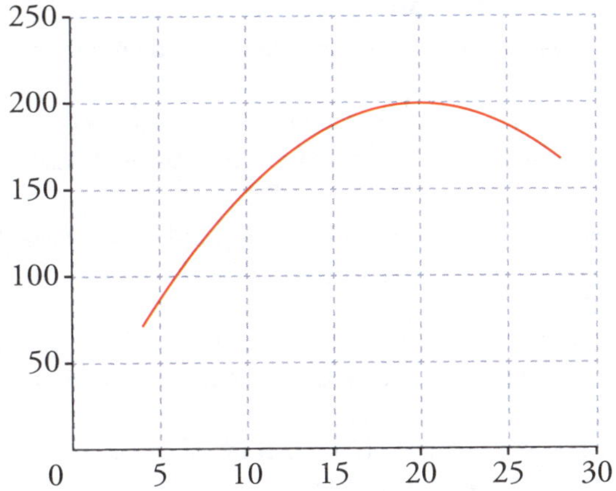

À l'aide de ce graphique répondre aux questions suivantes en donnant des valeurs approchées :

a) Quelle est l'aire de cet enclos pour $x = 14$ m ?

b) Pour quelle(s) valeur(s) de x l'aire de l'enclos est-elle égale à 192 m^2 ?

c) Pour quelle(s) valeur(s) de x l'aire de l'enclos est-elle maximale ?

En déduire les dimensions de l'enclos pour que les brebis aient le maximum de place.

Exercice 6 (4 points)
Allons au cinéma

Dans cet exercice, si le travail n'est pas terminé, laisser tout de même une trace de la recherche. Elle sera prise en compte dans l'évaluation.

Le même jour, à la caisse d'un cinéma, un adulte et deux enfants payent 21 €, deux adultes et trois enfants payent 36 €. Trois adultes et trois enfants vont au cinéma ce jour-là. Le caissier leur réclame 43 €.
« Vous vous trompez ! » s'exclame un des enfants. A-t-il raison ? Pourquoi ?

LES CLÉS DU SUJET

Exercice 1

▶ **1.** Appliquer les règles de priorité des opérations (priorité de la division sur l'addition et la soustraction).

▶ **2.** Utiliser $(a\sqrt{b})^2 = a^2b$ avec $b > 0$.

▶ **3.** Utiliser la définition de l'écriture scientifique d'un nombre positif (voir formulaire).

▶ **4.** L'image du nombre x par la fonction f est notée $f(x)$.
On appelle antécédent par f du nombre 0, tout élément dont l'image par f est 0.

▶ **5.** Utiliser la définition de la médiane d'une série statistique (voir formulaire).

Exercice 2

▶ **1.**, **2.** et **3.** Bien suivre les programmes de calcul, étape par étape.

▶ **4.** Noter x le nombre choisi et appliquer le programme B, puis résoudre une équation.

▶ **5.** Noter x le nombre choisi. Comparer les résultats obtenus lorsqu'on applique les programmes A et B. Conclure.

Exercice 3

▶ **2. a)** Appliquer le théorème de Pythagore au triangle SLI rectangle en L.
b) Utiliser une des relations trigonométriques dans le triangle SLI rectangle en L.

▶ **3.** Utiliser la relation $d = v \times t$ où d désigne la distance parcourue, t le temps mis pour la parcourir et v la vitesse moyenne.

▶ **4.** Appliquer le théorème de Thalès.

Exercice 4

▶ **1.** et **2.** Faire attention aux unités ! Convertissez toutes les masses en milligrammes par exemple.

▶ **3.** Appliquer les formules donnant le volume de la boule et celui du cylindre. Celles-ci sont rappelées dans l'énoncé.

Exercice 5

▶ **1. a)** et **b)** et **2.** Remarquer que la longueur du grillage délimitant l'enclos est égale à $x + 2y$. Utiliser la formule donnant l'aire d'un rectangle.

▶ **4.** Effectuer des lectures graphiques avec la meilleure précision possible.
a) Lire l'ordonnée du point du graphique dont l'abscisse vaut 14.
b) Lire les abscisses des points du graphique dont l'ordonnée vaut 192.
c) Lire les coordonnées du sommet du graphique.

Exercice 6

Traduire l'énoncé de l'exercice par un système de deux équations du premier degré à deux inconnues. Le résoudre et conclure.

CORRIGÉ 7

Exercice 1

▶ **1.** Posons $A = \frac{5}{3} - \frac{2}{3} \div \frac{5}{3} + \frac{2}{3}$.

Appliquons la priorité de la division sur l'addition et la soustraction et utilisons la règle suivante : pour diviser deux fractions, on multiplie la fraction numérateur par l'inverse de la fraction dénominateur.

$A = \frac{5}{3} - \frac{2}{3} \times \frac{3}{5} + \frac{2}{3}$ soit $A = \frac{5}{3} - \frac{2}{5} + \frac{2}{3}$.

Conclusion : la bonne réponse est **B.**

▶ **2.** Posons $B = x^2 + 2x + 1$.

Lorsque $x = 2\sqrt{5}$, alors :

$B = (2\sqrt{5})^2 + 2 \times 2\sqrt{5} + 1$

$B = 21 + 4\sqrt{5}$.

Conclusion : la bonne réponse est **C.**

▶ **3.** Tout nombre positif x peut s'écrire sous la forme $x = a \times 10^n$, où $1 \leqslant a < 10$ et n est un entier relatif.

Ici nous avons $x = 0{,}00723$ soit $x = 7{,}23 \times 10^{-3}$.

Conclusion : la bonne réponse est **B.**

▶ **4.** Nous avons $f(x) = x^2 - x$.

Calculons : $f(-1) = (-1)^2 - (-1)$ soit $f(-1) = 2$.

Donc les réponses **A** et **B** sont fausses.

En revanche nous remarquons que $f(0) = 0$ et $f(1) = 0$.

Conclusion : la bonne réponse est **C.**

> **Astuce**
> L'énoncé indique qu'une seule réponse est exacte. Puisque les réponses A et B sont fausses, nous pouvons affirmer que la réponse C est exacte.

▶ **5.** La médiane M d'une série statistique rangée par ordre croissant (ou décroissant) est la valeur qui partage cette série statistique en deux parties de même effectif.

Dans la série, il existe 3 notes inférieures à 11 et 3 notes supérieures à 11. Donc $M = 11$.

Conclusion : la bonne réponse est **B**.

Exercice 2

▶ **1.** Appliquons le programme A. Le nombre choisi est 3.

• Soustrayons 1 au nombre choisi. Nous obtenons 2.

• Calculons le carré de la différence obtenue. Nous trouvons 4.

• Ajoutons le double du nombre de départ, c'est-à-dire 6, au dernier résultat. Nous trouvons 10.

Nous obtenons bien le résultat indiqué dans cette question.

▶ **2.** Appliquons le programme B. Le nombre choisi est 3.

• Calculons le carré du nombre choisi. Nous trouvons 9.

• Ajoutons 1 au résultat.

Nous trouvons 10.

▶ **3.** Appliquons le programme A. Le nombre choisi est –2.

• Soustrayons 1 au nombre choisi. Nous obtenons –3.

• Calculons le carré de la différence obtenue. Nous trouvons 9.

• Ajoutons le double du nombre de départ, c'est-à-dire –4, au dernier résultat.

Nous trouvons 5.

▶ **4.** Appliquons le programme B. Notons x le nombre choisi.

• Calculons le carré de ce nombre choisi. Nous trouvons x^2.

• Ajoutons 1 au résultat. Nous trouvons $x^2 + 1$.

Nous voulons que le résultat obtenu soit égal à 5.

Résolvons donc l'équation $x^2 + 1 = 5$.

Nous obtenons $x^2 = 4$ ou encore $x^2 - 4 = 0$ soit $x^2 - 2^2 = 0$.

Utilisons l'identité remarquable $a^2 - b^2 = (a+b)(a-b)$.

Nous obtenons $(x+2)(x-2) = 0$

Puisque nous avons un produit de facteurs nul, alors l'un au moins des facteurs est nul.

$x + 2 = 0$ soit $x = -2$;

ou $x - 2 = 0$ soit $x = 2$.

Conclusion : pour que le résultat obtenu avec le programme B soit égal à 5, il faut choisir les nombres + 2 ou –2.

▶ **5.** Utilisons le programme A. Notons x nombre choisi.

• Soustrayons 1 au nombre choisi. Nous obtenons $x-1$.

• Calculons le carré de la différence obtenue. Nous trouvons $(x-1)^2$.

• Ajoutons le double du nombre de départ, c'est-à-dire $2x$, au dernier résultat. Nous trouvons $(x-1)^2+2x$.

Appliquons l'identité remarquable $(a-b)^2=a^2-2ab+b^2$.

Il vient $(x-1)^2+2x=(x^2-2x+1)+2x=x^2+1$.

Conclusion : si l'on choisit x pour nombre de départ, le résultat obtenu est :

• x^2+1 si on applique le programme A ;

• x^2+1 si on applique le programme B (voir la question **4.**).

Conclusion : Henri a raison.

Exercice 3

▶ **1.** Nous avons :

SL = 1 075 – 415 soit $\boxed{SL = 660 \text{ m}}$

JK = 1 165 – 415 soit $\boxed{JK = 750 \text{ m}}$

▶ **2. a)** Appliquons le théorème de Pythagore au triangle SLI rectangle en L.

Nous obtenons : $SI^2=SL^2+LI^2$. Soit :

$SI^2=660^2+880^2$ ou encore $SI^2=1\ 210\ 000$.

$SI=\sqrt{1\ 210\ 000}$ et $\boxed{SI = 1\ 100 \text{ m}}$

b)

POINT MÉTHODE

Calculer la mesure de l'angle aigu $\widehat{ABC}$ d'un triangle ABC rectangle en A dont on connaît au moins les mesures de deux côtés

❶ Si on connaît les mesures du côté adjacent à cet angle et de l'hypoténuse, alors on calcule $\cos\widehat{ABC}$. Nous avons $\cos\widehat{ABC}=\frac{AB}{BC}$ et la calculatrice permet de trouver une valeur approchée de la mesure de l'angle $\widehat{ABC}$.

❷ Si on connaît les mesures du côté opposé à cet angle et de l'hypoténuse, alors on calcule $\sin\widehat{ABC}$. Nous avons $\sin\widehat{ABC} = \frac{AC}{BC}$ et la calculatrice permet de trouver une valeur approchée de la mesure de l'angle $\widehat{ABC}$.

❸ Si on connaît les mesures du côté adjacent et du côté opposé à cet angle, alors on calcule $\tan\widehat{ABC}$. Nous avons $\tan\widehat{ABC} = \frac{AC}{AB}$ et la calculatrice permet de trouver une valeur approchée de la mesure de l'angle $\widehat{ABC}$.

Ici : $\tan\widehat{SIL} = \frac{SL}{LI} = \frac{660}{880} = 0{,}75$ et la calculatrice nous permet d'affirmer que $\widehat{SIL} = 37°$, valeur arrondie au degré.

Dans le triangle SLI rectangle en L, nous avons $\tan\widehat{SIL} = \frac{SL}{LI} = \frac{660}{880}$.

Alors $\tan\widehat{SIL} = 0{,}75$ et $\boxed{\widehat{SIL} = 37°}$, valeur arrondie au degré.

▶ **3.** Nous connaissons la relation $d = v \times t$ où d désigne la distance parcourue, t le temps mis pour la parcourir et v la vitesse moyenne.

Ici : $d = SI = 1100$ m ou encore $d = 1{,}1$ km et $v = 10$ km/h. Si nous prenons d en kilomètres et v en kilomètres par heure, nous obtiendrons t en heures.

Attention
Faire très attention aux unités ! On peut aussi prendre la distance en mètres et la vitesse en mètres par heure, nous obtiendrons encore le temps en heures.

$t = \frac{d}{v} = \frac{1{,}1}{10}$ d'où $t = 0{,}11$ h.

Convertissons 0,11 heure en minutes et secondes.

$t = 0{,}11 \times 3\ 600 = 396$ s soit $t = 6 \times 60 + 36$ s ou encore $\boxed{t = 6\,\text{min}\,36\ \text{s}}$

▶ **4.** Les points I, S, J sont alignés dans le même ordre que les points I, L, K. De plus les droites (JK) et (SL) sont parallèles. Nous pouvons appliquer le théorème de Thalès et écrire $\frac{IS}{IJ} = \frac{SL}{JK}$ (1).

Nous savons que IS = 1 100 m, SL = 660 m et JK = 750 m.

De plus IJ = IS + SJ = 1 100 + SJ en m.

Alors la relation (1) s'écrit $\frac{1\ 100}{1\ 100 + SJ} = \frac{660}{750}$. Donc :

$$\frac{1\,100}{1\,100+SJ}=0{,}88$$

$968+0{,}88\times SJ=1\,100$

$0{,}88\times SJ=132$

$$SJ=\frac{132}{0{,}88}$$

$\boxed{SJ=150\text{ m}}$

Conclusion : M. Cotharbet aura parcouru 150 m à pied.

Exercice 4

▶ **1.** Notons n_1 le nombre de gélules que peut produire l'usine.

Convertissons 5 tonnes en milligrammes.

5 tonnes = 5 000 kg

5 000 kg = 5 000 000 g

5 000 000 g = 5 000 000 000 mg.

Donc 5 tonnes $=5\times10^9$ mg.

$n_1=\dfrac{5\times10^9}{500}=\dfrac{5\times10^9}{5\times10^2}$ soit $n_1=10^7$.

> **Conseil**
> Les nombres entrant en jeu dans cet exercice sont très grands. Il ne faut pas hésiter à utiliser des puissances.

Conclusion : l'usine peut produire 10 millions de gélules.

▶ **2.** Une boîte contient 16 gélules.

Notons n_2 le nombre de boîtes que peut produire l'usine.

$n_2=\dfrac{10^7}{16}$ soit $\boxed{n_2=625\,000}$

▶ **3.** Une gélule est constituée de deux demi-sphères de même rayon r (c'est-à-dire d'une sphère) et d'un cylindre de hauteur h dont la base a pour rayon r.

Notons V_1 et V_2 les volumes respectifs des deux demi-sphères et du cylindre.

Nous avons $r=\dfrac{\text{diamètre}}{2}$, soit $r=\dfrac{7}{2}=3{,}5$ mm.

$V_1=\dfrac{4}{3}\times\pi\times r^3$ et $V_2=\pi\times r^2\times h$.

$V_1=\dfrac{4}{3}\times\pi\times3{,}5^3$ et $V_2=\pi\times3{,}5^2\times14$.

Notons V le volume d'une gélule.

$V = V_1 + V_2$

$V = \frac{4}{3} \times \pi \times 3,5^3 + \pi \times 3,5^2 \times 14 \text{ mm}^3$

$\boxed{V = 718 \text{ mm}^3}$ valeur arrondie à 1 mm^3 près.

Exercice 5

▶ **1.** La longueur du grillage délimitant l'enclos est égale à $x + 2y$. Nous avons donc la relation $x + 2y = 40$.

a) Si $x = 4$, alors $4 + 2y = 40$ et $\boxed{y = 18 \text{ m}}$

De plus l'aire de l'enclos est $\mathcal{A} = x \times y$ soit $\mathcal{A} = 4 \times 18$ et $\boxed{\mathcal{A} = 72 \text{ m}^2}$

b) Tableau complété

x (en m)	4	10	20	28
y (en m)	18	15	10	6
$\mathcal{A}$ (en m^2)	72	150	200	168

▶ **2.** De la relation $x + 2y = 40$, nous sortons $2y = 40 - x$ soit $y = 20 - 0,5x$.

Nous avons $\mathcal{A} = x \times y$ c'est-à-dire $\mathcal{A} = x \times (20 - 0,5x)$ ou encore

$\boxed{\mathcal{A} = -0,5x^2 + 20x}$

▶ **3.** En B2 on peut saisir la formule **= 20*A2-0,5*A2*A2**

▶ **4. a)** Le point P_1 d'abscisse 14 et situé sur le graphique a pour ordonnée environ 180.

Conclusion : lorsque $x = 14$ m, l'aire de l'enclos mesure environ 180 m^2.

b) Les points P_2 et P_3 d'ordonnée 192 et situés sur le graphique ont pour abscisses environ 16 et 24.

Conclusion : lorsque l'aire de l'enclos mesure 192 m^2, alors $x = 16$ m ou $x = 24$ m (valeurs approchées).

c) Les coordonnées, toujours en valeurs approchées, du point S sommet du graphique sont S(20 ; 200).

Conclusion : l'aire de l'enclos est maximum lorsque $x = 20$ m. Alors l'enclos mesure 20 m de long et 10 m de large. Cette aire maximum mesure 200 m^2.

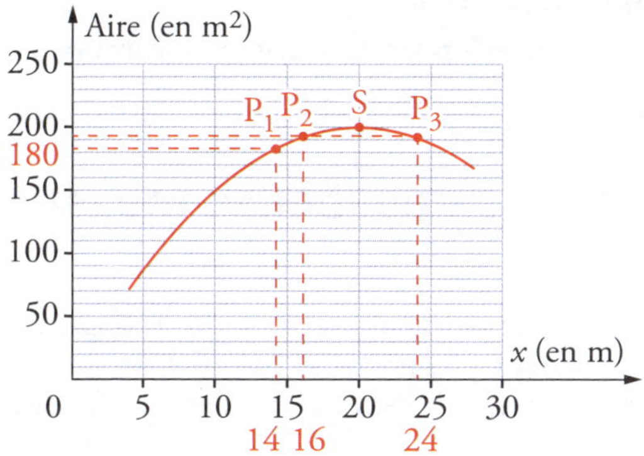

Exercice 6

Notons x et y les prix respectifs d'une place adulte et d'une place enfant.

La lecture du début de l'énoncé permet d'écrire le système du premier degré à deux inconnues suivant :

$$\begin{cases} 1x+2y=21 & (1) \\ 2x+3y=36 & (2) \end{cases}$$

Multiplions chaque membre de l'équation (1) par –2, sans changer l'équation (2). Il vient :

$$\begin{cases} -2x-4y=-42 & (1') \\ 2x+3y=36 & (2') \end{cases}$$

Additionnons les deux équations membre à membre. Nous obtenons : $-4y+3y=-42+36$.

Soit $-y=-6$ ou encore $y=6$.

En remplaçant y par 6 dans l'équation (2′) par exemple, il vient :

$2x+3\times 6=36$

$2x=18$ soit $x=9$.

Le prix d'une place adulte est donc de 9 euros tandis que celui d'une place enfant est de 6 euros.

Si 3 adultes et 3 enfants viennent au cinéma, ils doivent payer en tout :

$3\times 9+3\times 6$ euros soit 45 euros.

Conclusion : l'enfant a raison !

Astuce
Autre méthode de raisonnement :
1 adulte et 2 enfants paient 21 euros
2 adultes et 3 enfants paient 36 euros.
Par différence, nous pouvons dire que 1 adulte et 1 enfant paient 15 euros.
Donc 3 adultes et 3 enfants doivent payer 45 euros… et non 43 euros.
Conclusion : l'enfant a raison !

SUJET

8

Asie • Juin 2013

Exercice 5 • 3 points • Socle commun

Traitement des poubelles ménagères

▶ **1.** Une ville de 50 000 habitants dépense 10 euros par mois et par habitant pour faire traiter les poubelles ménagères.
Quel est le budget sur une année de cette ville pour faire traiter les poubelles ?
Justifier la réponse.

▶ **2.** En 2009, la France comptait 65 millions d'habitants qui ont produit 30 millions de tonnes de déchets.
Est-il vrai que cette année-là, un habitant en France produisait un peu plus de 1 kg de déchets par jour ? Justifier la réponse.

LES CLÉS DU SUJET

Les nombres dans cet exercice sont grands et comportent beaucoup de zéros ! Avancez doucement et… n'oubliez aucun zéro… ni aucun autre chiffre bien sûr !

CORRIGÉ 8

▶ **1.** Notons B le budget annuel de cette ville pour traiter les poubelles ménagères.

Il y a 12 mois dans une année, donc :

$B = 10 \times 12 \times 50\,000$

$B = 6\ 000\ 000$ euros.

▶ **2.** Notons d la masse de déchets produite par jour et par un habitant en France en 2009.

Nous savons que :

• la masse totale de déchets produits en 2009 est de 30 000 000 tonnes soit 30 000 000 000 kg ;

• la France comptait 65 000 000 d'habitants ;

• l'année 2009 comportait 365 jours.

$$d = \frac{30\ 000\ 000\ 000}{365 \times 65\ 000\ 000}$$

$d = 1{,}264$ kg.

Conclusion : l'affirmation est vraie.

SUJET 9

Asie • Juin 2013
Exercice 6 • 3 points • Socle commun

Achats en ligne

DOCUMENT

Voici un article trouvé sur Internet.
« D'après l'*Observatoire des usages Internet* de Médiamétrie, au dernier trimestre 2011, 28 millions d'internautes[1] ont acheté en ligne. Au premier trimestre de 2012, on constate une augmentation de 11 % du nombre d'achats en ligne. »

1. Un internaute est un utilisateur d'Internet.

▶ **1.** En utilisant les données de cet article, calculer le nombre de cyberacheteurs au premier trimestre 2012. Arrondir le résultat à 0,1 million près.

▶ **2.** Si la progression sur le deuxième trimestre 2012 est, elle aussi, de 11 %, quelle serait la progression en pourcentage sur les deux trimestres ? Justifier la réponse.

LES CLÉS DU SUJET

▶ **1.** Soit Q une quantité. Une augmentation de n % de cette quantité correspond à une augmentation de $\frac{n}{100} \times Q$.

▶ **2.** Si on note a la progression sur les deux trimestres et N le nombre d'internautes qui ont acheté en ligne au dernier trimestre 2011, alors le pourcentage p recherché est donné par le tableau de proportionnalité :

a	p
N	100

CORRIGÉ 9

▶ **1.** Notons N le nombre d'internautes ayant acheté en ligne au dernier trimestre 2011. Nous avons N = 28 000 000.

Notons N_1 le nombre de cyberacheteurs au premier trimestre 2012.

$$N_1 = N + \frac{11}{100} \times N = 1,11 \times N$$

$$N_1 = 1,11 \times 28\ 000\ 000$$

$$N_1 = 31\ 080\ 000.$$

$N_1 = 31,1$ millions, valeur arrondie à 0,1 million près.

▶ **2.** Notons N_2 le nombre de cyberacheteurs au second trimestre 2012.

$$N_2 = N_1 + \frac{11}{100} \times N_1$$

$$N_2 = 1,11 \times N_1$$

$$N_2 = 1,11 \times 31\ 080\ 000$$

$$N_2 = 34\ 498\ 800.$$

> **Astuce**
> Notations : pour éviter des écritures un peu lourdes, on peut utiliser des puissances.
> Par exemple
> N = 28 000 000 s'écrit aussi $N = 28 \times 10^6$.

La progression a sur les deux trimestres est égale à :
$a = N_2 - N = 34\ 498\ 800 - 28\ 000\ 000 = 6\ 498\ 800.$

Notons p le pourcentage recherché. Il est donné par le tableau de proportionnalité :

a	p
N	100

$$\frac{6\ 498\ 800}{28\ 000\ 000} = \frac{p}{100}$$

$$p = \frac{6\ 498\ 800 \times 100}{28\ 000\ 000}$$

$$p = 23,21\ \%.$$

France métropolitaine • Septembre 2013

Exercice 4 • 4 points • Socle commun

Stage de voile

Un stage de voile pour enfant est proposé pendant les vacances.
Le prix affiché d'un stage pour enfant est de 115 €.
Lorsqu'une famille inscrit deux enfants ou plus, elle bénéficie d'une réduction qui dépend du nombre d'enfants inscrits.

▶ **1.** Une famille qui inscrit trois enfants paie 310,50 €. Pour cette famille, quel est, par enfant, le prix de revient d'un stage ?

▶ **2.** Compléter les deux factures données ci-dessous.

Aucune justification n'est attendue dans cette question.

Facture 1

Prix d'un stage	115 €
Nombre d'enfants inscrits	2
Prix total avant réduction	....
Montant de la réduction (5 % du prix total avant réduction)	....
Prix à payer	....

Facture 2

Prix d'un stage	115 €
Nombre d'enfants inscrits	3
Prix total avant réduction	....
Montant de la réduction (...... % du prix total avant réduction)	....
Prix à payer	310,50 €

LES CLÉS DU SUJET

▶ **2.** Notons :

P_1 le prix à payer avant réduction ;

P_2 le prix à payer après réduction ;

$P_1 - P_2$ le montant de la réduction.

Le pourcentage n de la réduction effectuée par rapport au prix avant réduction est : $n = \frac{P_1 - P_2}{P_1} \times 100$.

CORRIGÉ 10

▶ **1.** Notons Q le prix de revient d'un stage par enfant pour la famille.

$Q = \frac{310{,}5}{3}$ soit $Q = 103{,}5$ euros.

▶ **2.** Factures complétées :

Facture 1

Prix d'un stage	115 €
Nombre d'enfants inscrits	2
Prix total avant réduction	230 €
Montant de la réduction (5 % du prix total avant réduction)	11,5 €
Prix à payer	218,5 €

Facture 2

Prix d'un stage	115 €
Nombre d'enfants inscrits	3
Prix total avant réduction	345€
Montant de la réduction (10 % du prix total avant réduction)	34,5 €
Prix à payer	310,50 €

SUJET

11

Amérique du Sud • Novembre 2013
Exercice 3 • 7 points

Financiers et macarons

Un pâtissier a préparé 840 financiers et 1 176 macarons (ce sont des pâtisseries). Il souhaite faire des lots, tous identiques, en mélangeant financiers et macarons. Il veut utiliser tous les financiers et tous les macarons.

▶ **1. a)** Sans faire de calcul, expliquer pourquoi les nombres 840 et 1 176 ne sont pas premiers entre eux.
b) Le pâtissier peut-il faire 21 lots ? Si oui, calculer le nombre de financiers et le nombre de macarons dans chaque lot.
c) Quel est le nombre maximum de lots qu'il peut faire ? Quelle sera alors la composition de chacun des lots ?

▶ **2.** Cette année, chaque lot de 5 financiers et 7 macarons est vendu 22,40 €. L'année dernière, les lots, composés de 8 financiers et de 14 macarons étaient vendus 42 €.
Sachant qu'aucun prix n'a changé entre les deux années, calculer le prix d'un financier et d'un macaron.

LES CLÉS DU SUJET

▶ **1. a)** Revoir la définition de deux nombres premiers entre eux.
b) Voir si 840 et 1 176 sont divisibles par 21.
c) Calculer le PGCD des deux nombres 840 et 1 176.
▶ **2.** Noter x et y les prix respectifs d'un financier et d'un macaron. Traduire l'énoncé de cette question par un système de deux équations à deux inconnues. Le résoudre et enfin conclure.

CORRIGÉ 11

▶ **1. a)** Par définition, deux nombres entiers sont premiers entre eux si leur seul diviseur commun est 1.

Les nombres 840 et 1 176 sont pairs. Ils sont donc divisibles par 2 et en conséquence ne sont pas premiers entre eux.

b) Nous remarquons que $840 = 40 \times 21$ et $1\,176 = 56 \times 21$.

Donc 840 et 1 176 sont divisibles par 21. Le pâtissier peut faire 21 lots.

Chaque lot contiendra 40 financiers et 56 macarons.

c) Le nombre maximum de lots que le pâtissier peut réaliser est le PGCD des nombres 840 et 1 176. Utilisons l'algorithme d'Euclide :

$1\,176 = 1 \times 840 + 336$

$840 = 2 \times 336 + 168$

$336 = 2 \times 168 + 0.$

Le dernier reste non nul est le PGCD des deux nombres.

Le PGCD de 840 et 1 176 est égal à 168.

Nous remarquons que $840 = 5 \times 168$ et $1\,176 = 7 \times 168$.

Conclusion : le pâtissier pourra réaliser au maximum 168 lots. Chaque lot contiendra 5 financiers et 7 macarons.

▶ **2.** Soient x et y les prix respectifs d'un financier et d'un macaron.

L'énoncé de cette question permet d'écrire le système de deux équations à deux inconnues suivant :

$$\begin{cases} 5x + 7y = 22{,}4 & (1) \\ 8x + 14y = 42 & (2) \end{cases}$$

Multiplions chaque membre de l'équation (1) par 2. Nous obtenons le système :

$$\begin{cases} 10x + 14y = 44{,}8 & (1') \\ 8x + 14y = 42 & (2') \end{cases}$$

Astuce
Autre raisonnement : puisque 8 financiers et 14 macarons coûtent 42 euros et que 5 financiers et 7 macarons coûtent 22,4 euros, alors (par différence) 3 financiers et 7 macarons coûtent 19,6 euros. Puisque 5 financiers et 7 macarons coûtent 22,4 euros et que 3 financiers et 7 macarons coûtent 19,6 euros, alors (par différence) 2 financiers coûtent 2,8 euros. 1 financier coûte donc 1,4 euro et 1 macaron coûte 2,2 euros.

NOMBRES ET CALCULS

Soustrayons membre à membre. Il vient :

$2x = 44{,}8 - 42$ soit $x = 1{,}4$ euro.

En remplaçant x par 1,4 dans l'équation (2′) par exemple, nous obtenons :

$8 \times 1{,}4 + 14y = 42$

$14y = 42 - 11{,}2$

$y = 2{,}2.$

Conclusion : un financier coûte 1,4 euro tandis qu'un macaron coûte 2,2 euros.

SUJET **12**

France métropolitaine • Juin 2013

Exercice 7 • 4,5 points • Socle commun

Vrai ou faux ?

Chacune des trois affirmations suivantes est-elle vraie ou fausse ? On rappelle que les réponses doivent être justifiées.

Affirmation 1

Dans un club sportif, les trois quarts des adhérents sont mineurs et le tiers des adhérents majeurs a plus de 25 ans. Un adhérent sur six a donc entre 18 ans et 25 ans.

Affirmation 2

Durant les soldes, si on baisse le prix d'un article de 30 % puis de 20 %, au final le prix de l'article a baissé de 50 %.

Affirmation 3

Pour n'importe quel nombre entier n, $(n+1)^2 - (n-1)^2$ est un multiple de 4.

LES CLÉS DU SUJET

▶ **1.** Déterminer la fraction d'adhérents majeurs, la fraction d'adhérents de plus de 25 ans et enfin la fraction d'adhérents âgés de 18 à 25 ans.

▶ **2.** Les pourcentages ne s'additionnent pas. Raisonner méthodiquement.

▶ **3.** Développer l'expression donnée dans l'énoncé.

CORRIGÉ 12

Affirmation 1

Puisque $\frac{3}{4}$ des adhérents sont mineurs, alors $\frac{1}{4}$ des adhérents sont majeurs.

Puisque $\frac{1}{3}$ des adhérents majeurs ont plus de 25 ans, alors $\frac{1}{4} \times \frac{1}{3}$ soit $\frac{1}{12}$ des adhérents ont plus de 25 ans.

La fraction d'adhérents qui ont entre 18 et 25 ans est $\frac{1}{4} - \frac{1}{12}$ soit $\frac{1}{6}$.

En conséquence 1 adhérent sur 6 a entre 18 et 25 ans.

L'affirmation 1 est vraie.

Affirmation 2

Soit P le prix d'un article. Après une baisse de 30 %, le prix devient $P' = P - \frac{30}{100} \times P = P - 0{,}3P$ ou encore $P' = 0{,}7P$.

Après une nouvelle baisse de 20 %, le prix devient $P'' = P' - \frac{20}{100} P' = 0{,}8P'$ ou encore $P'' = 0{,}8 \times (0{,}7 \times P)$.

En conclusion $P'' = 0{,}56P$ ce qui ne correspond pas à une baisse de 50 % mais à une baisse de 44 %.

L'affirmation 2 est fausse.

Affirmation 3

Posons $E = (n+1)^2 - (n-1)^2$.

Utilisons l'identité remarquable $a^2 - b^2 = (a+b)(a-b)$.

$E = [(n+1)+(n-1)] \times [(n+1)-(n-1)]$

$E = (2n) \times 2$

$E = 4n$.

Pour tout nombre entier n, le résultat est un multiple de 4.

L'affirmation 3 est vraie.

Afrique • Juin 2013
Exercice 7 • 4 points • Socle commun

Respecter la posologie

On peut lire au sujet d'un médicament :
« Chez les enfants (12 mois à 17 ans), la posologie doit être établie en fonction de la surface corporelle du patient (voir la formule de Mosteller). »
« Une dose de charge unique de 70 mg par mètre carré (sans dépasser 70 mg par jour) devra être administrée. »
Pour calculer la surface corporelle en m^2 on utilise la formule de Mosteller suivante :

$$\text{Surface corporelle en m}^2 = \sqrt{\frac{\text{taille (en cm)} \times \text{masse (en kg)}}{3\,600}}.$$

On considère les informations ci-dessous :

Patient	Âge	Taille (m)	Masse (kg)	Dose administrée
Lou	5 ans	1,05	17,5	50 mg
Joé	15 ans	1,50	50	100 mg

▶ **1.** La posologie a-t-elle été respectée pour Joé ? Justifier la réponse.

▶ **2.** Vérifier que la surface corporelle de Lou est environ de 0,71 m^2.
Dans cette question, toute trace de recherche, même incomplète, sera prise en compte dans l'évaluation.

▶ **3.** La posologie a-t-elle été respectée pour Lou ? Justifier la réponse.

LES CLÉS DU SUJET

▶ **1.** Le texte indique qu'il ne faut pas dépasser une dose de 70 mg par jour. Conclure.
▶ **2.** Utiliser la formule donnant la surface corporelle.
▶ **3.** À partir de la surface corporelle de Lou déterminée à la question précédente, calculer la dose à administrer. Comparer à la dose administrée à Lou et conclure.

CORRIGÉ 13

▶ **1.** Le texte indique qu'il ne faut pas dépasser une dose de 70 mg par jour. Or la dose administrée à Joé est de 100 mg.

Conclusion : la posologie n'a pas été respectée pour Joé.

▶ **2.** Calculons la surface corporelle m_L de Lou.

$m_L = \sqrt{\dfrac{105 \times 17{,}5}{3\ 600}}$ ou encore $m_L \approx 0{,}71\ \text{m}^2$.

Attention !
Il est important de bien respecter les unités utilisées dans la formule de Mosteller : la taille en cm et la masse en kg.

▶ **3.** La dose de médicament doit être de 70 mg par m^2. Pour Lou cela correspond à $70 \times 0{,}71$ soit 49,7 mg ce qui est très voisin de 50 mg.

Conclusion : la posologie a été respectée pour Lou.

SUJET 14

Pondichéry • Avril 2013
Exercice 3 • 6 points

Pesanteur sur la Lune

NOMBRES ET CALCULS

Le poids d'un corps sur un astre dépend de la masse et de l'accélération de la pesanteur.
On peut montrer que la relation est $P = mg$.
P est le poids (en newtons) d'un corps sur un astre (c'est-à-dire la force que l'astre exerce sur le corps) ;
m la masse (en kg) de ce corps ;
g l'accélération de la pesanteur de cet astre.

▶ **1.** Sur la Terre, l'accélération de la pesanteur de la Terre g_T est environ de 9,8.
Calculer le poids (en newtons) sur Terre d'un homme ayant une masse de 70 kg.

▶ **2.** Sur la Lune, la relation $P = mg$ est toujours valable.
On donne le tableau ci-dessous de correspondance poids-masse sur la Lune :

Masse (kg)	3	10	25	40	55
Poids (N)	5,1	17	42,5	68	93,5

a) Est-ce que le tableau ci-dessus est un tableau de proportionnalité ?
b) Calculer l'accélération de la pesanteur sur la Lune notée g_L.
c) Est-il vrai que l'on pèse environ 6 fois moins lourd sur la Lune que sur la Terre ?

▶ **3.** Le dessin ci-dessous représente un cratère de la Lune.
BCD est un triangle rectangle en D.

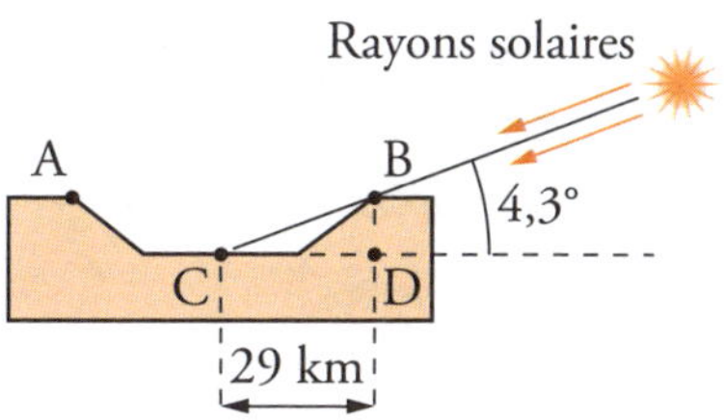

a) Calculer la profondeur BD du cratère. Arrondir au dixième de km près.
b) On considère que la longueur CD représente 20 % du diamètre du cratère. Calculer la longueur AB du diamètre du cratère.

LES CLÉS DU SUJET

▶ **1.** Appliquer la relation $P_T = mg_T$.

▶ **2. a)** Un tableau de proportionnalité est un tableau dans lequel on passe des nombres de la première ligne à ceux de la seconde ligne en les multipliant par un même nombre appelé coefficient de proportionnalité.

b) Remarquer que l'accélération de la pesanteur sur la Lune est le coefficient de proportionnalité indiqué à la question précédente.

c) Calculer le rapport des poids d'une même personne sur la Terre et sur la Lune.

▶ **3. a)** Utiliser une des relations trigonométriques dans le triangle BDC rectangle en D.

CORRIGÉ 14

▶ **1.** Nous avons la relation $P_T = mg_T$, où P_T désigne le poids en newtons d'un homme de masse $m = 70$ kg situé sur terre et g_T l'accélération de la pesanteur sur Terre.

$P_T = 70 \times 9{,}8$ soit $\boxed{P_T = 686 \text{ N}}$.

▶ **2. a)** Nous pouvons remarquer que l'on passe des nombres de la première ligne à ceux de la seconde ligne en les multipliant par 1,7.

Nous avons bien un tableau de proportionnalité. Le coefficient de proportionnalité est 1,7.

b) L'accélération de la pesanteur sur la Lune est le coefficient de proportionnalité $\boxed{g_L = 1{,}7}$.

Nous avons alors $P_L = 1{,}7 \times m$.

c) Calculons le rapport des poids sur Terre et sur la Lune d'un homme de masse m.

Nous avons $\frac{P_T}{P_L} = \frac{9,8 \times m}{1,7 \times m}$, soit $\frac{P_T}{P_L} = 5,8$ valeur arrondie au dixième.

Conclusion : il est vrai qu'un homme pèse environ 6 fois moins lourd sur la Lune que sur la Terre.

Rappel
La masse d'une personne est la même en tout endroit de l'espace, tandis que son poids varie !

▶ **3. a)** Dans le triangle BDC rectangle en D, nous avons $\tan \widehat{BCD} = \frac{BD}{CD}$.

$BD = CD \times \tan \widehat{BCD}$

$BD = 29 \times \tan 4,3°$

$\boxed{BD = 2,2 \text{ km}}$ valeur arrondie au dixième de km près.

b) Nous savons que :

$CD = \frac{20}{100} \times AB$

$CD = 0,2 \times AB$. Donc

$AB = \frac{CD}{0,2} = \frac{29}{0,2}$

$\boxed{AB = 145 \text{ km}}$.

SUJET

15

Madagascar • Juin 2011

Exercice

Sophie et Éric

▶ **1.** On donne $B = \sqrt{27} + 5\sqrt{12} - \sqrt{300}$.

a) Sophie pense que B peut s'écrire plus simplement sous la forme $3\sqrt{3}$. Prouver que Sophie a bien raison.

b) Éric pense que Sophie a raison car, avec sa calculatrice, lorsqu'il calcule $\sqrt{27} + 5\sqrt{12} - \sqrt{300}$ et $3\sqrt{3}$, il trouve deux fois le même résultat : 5,196 152 423.

Que pensez-vous du raisonnement d'Éric ?

▶ **2.** On donne $C = \dfrac{10 - 9 \times 2}{2}$.

Sophie et Éric calculent C : Sophie trouve 1 et Éric trouve –4. Qui a raison ? Justifier.

LES CLÉS DU SUJET

▶ **1. a)** Utiliser $\sqrt{a^2 \times b} = a\sqrt{b}$, avec *a* et *b* positifs.

b) Observer qu'Éric calcule des valeurs approchées.

▶ **2.** Utiliser la priorité de la multiplication sur la soustraction.

CORRIGÉ 15

▶ **1. a)** Simplifions B.

$B = \sqrt{27} + 5\sqrt{12} - \sqrt{300}$

$B = \sqrt{3^2 \times 3} + 5\sqrt{2^2 \times 3} - \sqrt{10^2 \times 3}$

$B = 3\sqrt{3} + 5 \times 2\sqrt{3} - 10\sqrt{3}$

$\boxed{B = 3\sqrt{3}}$

Conclusion : Sophie a raison.

b) Grâce à sa calculatrice Éric trouve des valeurs approchées de $\sqrt{27} + 5\sqrt{12} - \sqrt{300}$ et de $3\sqrt{3}$, et non des valeurs exactes.

Attention : ne pas confondre valeur exacte et valeur approchée.

Ce n'est pas parce que 2 nombres admettent les mêmes valeurs approchées que ces deux nombres sont égaux !

Conclusion : le raisonnement d'Éric n'est pas bon.

▶ **2.** Nous avons $C = \dfrac{10 - 9 \times 2}{2}$.

La multiplication est prioritaire sur la soustraction.

$C = \dfrac{10 - 18}{2}$

$C = -\dfrac{8}{2} = -4.$

Conclusion : Éric a raison.

NOMBRES ET CALCULS

SUJET 16

Amérique du Sud • Novembre 2010
Exercice

De l'intérêt de la calculatrice !

Aucune justification n'est demandée pour cet exercice, les calculs pourront être réalisés à la calculatrice.

On donne les nombres suivants :

$$A = \frac{927}{486 - 13 \times 8} ;$$

$$B = \frac{3 \times 10^5 - 6 \times 10^3}{3 \times 10^{11}} ;$$

$$C = \sqrt{\frac{442,5 - 7^2 \times 2,5}{5}} ;$$

$$D = \sqrt{6} - \sqrt{5} ; \quad E = \frac{1}{\sqrt{6} + \sqrt{5}}.$$

▶ **1.** Calculer A et donner un arrondi à 0,01 près.

▶ **2.** Donner l'écriture scientifique de B.

▶ **3.** Calculer C.

▶ **4.** Comparer les nombres D et E.

LES CLÉS DU SUJET

▶ **1.** Appliquer les règles de priorité.

▶ **2.** Utiliser les règles de calcul sur les puissances et la définition de l'écriture scientifique d'un nombre positif.

▶ **3.** Effectuer d'abord les calculs situés sous le symbole racine carrée.

▶ **4.** Pour calculer E, multiplier le numérateur et le dénominateur de la fraction par la quantité conjuguée du dénominateur. Puis utiliser l'identité remarquable $(a + b)(a - b) = a^2 - b^2$.

CORRIGÉ 16

Il est bien précisé dans l'énoncé qu'aucune justification n'est demandée et que les calculs pourront être réalisés à la calculatrice.
Toutefois, les annales ayant pour but d'aider à préparer le brevet, les quatre questions sont traitées avec de nombreuses explications.

▶ **1.** Nous avons $A = \dfrac{927}{486 - 13 \times 8}$.

$A = \dfrac{927}{486 - 104} = \dfrac{927}{382}$ et la calculatrice donne
$A = 2{,}426\ldots$

Conclusion : $A = 2{,}43$ est un arrondi à 0,01 près.

Afin de détecter des erreurs grossières commises lors des différents calculs, il est bon d'effectuer une estimation rapide du résultat.

▶ **2.** Nous avons $B = \dfrac{3 \times 10^5 - 6 \times 10^3}{3 \times 10^{11}}$.

$B = \dfrac{300 \times 10^3 - 6 \times 10^3}{3 \times 10^{11}} = \dfrac{294 \times 10^3}{3 \times 10^{11}}$.

Nous savons que $\dfrac{a^m}{a^n} = a^{m-n}$, donc $B = \dfrac{294}{3} \times 10^{3-11}$ ou encore
$B = 98 \times 10^{-8}$.
L'écriture scientifique d'un nombre est $a \times 10^n$, où $1 \leqslant a < 10$ et n est un entier naturel.
Nous pouvons écrire $B = 9{,}8 \times 10 \times 10^{-8}$. Nous savons aussi que $a^m \times a^n = a^{m+n}$, donc $B = 9{,}8 \times 10^{-7}$ est l'écriture scientifique de B.

▶ **3.** Nous avons $C = \sqrt{\dfrac{442{,}5 - 7^2 \times 2{,}5}{5}}$.

Effectuons d'abord les calculs situés sous le symbole racine carrée.
$C = \sqrt{\dfrac{442{,}5 - 122{,}5}{5}} = \sqrt{64}$

Conclusion : $C = 8$.

▶ **4.** Nous avons $E = \dfrac{1}{\sqrt{6}+\sqrt{5}}$.

Multiplions le numérateur et le dénominateur de E par la quantité conjuguée du dénominateur, c'est-à-dire par $\sqrt{6}-\sqrt{5}$.

$$E = \frac{\left(\sqrt{6}-\sqrt{5}\right)}{\left(\sqrt{6}+\sqrt{5}\right)\times\left(\sqrt{6}-\sqrt{5}\right)}$$

Utilisons l'identité remarquable $(a+b)(a-b) = a^2 - b^2$.

$$E = \frac{\left(\sqrt{6}-\sqrt{5}\right)}{6-5} = \sqrt{6}-\sqrt{5}$$

Conclusion : D = E.

Polynésie française • Septembre 2011
Exercice • Socle commun

Programme de calcul

On propose le programme de calcul suivant :

Choisir un nombre. Soustraire 6. Calculer le carré du résultat obtenu.

▶ **1.** On choisit le nombre -4 au départ, montrer que le résultat obtenu est 100.

▶ **2.** On choisit 15 comme nombre de départ, quel est le résultat obtenu ?

▶ **3.** Quel nombre pourrait-on choisir pour que le résultat du programme soit le nombre 144 ? Justifier la réponse.

Pour cette question, toute trace de recherche, même incomplète, sera prise en compte dans l'évaluation.

LES CLÉS DU SUJET

▶ **1.** et **2.** Bien suivre le programme de calcul, étape par étape.

▶ **3.** Noter x le nombre choisi, appliquer le programme de calcul et résoudre une équation en utilisant l'identité remarquable $a^2 - b^2 = (a + b)(a - b)$.

CORRIGÉ 17

▶ **1.** Le nombre choisi est – 4.

• Soustrayons 6 à ce nombre. Nous obtenons – 10.

• Calculons le carré du résultat obtenu. Nous obtenons $(-10)^2$ soit 100.

Nous obtenons bien le résultat indiqué dans cette question.

▶ **2.** Le nombre choisi est 15.

• Soustrayons 6 à ce nombre. Nous obtenons 9.

• Calculons le carré du résultat obtenu. Nous obtenons $(9)^2$ soit 81.

Conclusion : nous obtenons 81 pour résultat.

▶ **3.** Le nombre choisi est x.

• Soustrayons 6 à ce nombre. Nous obtenons $(x-6)$.

• Calculons le carré du résultat obtenu. Nous obtenons $(x-6)^2$.

Nous voulons obtenir 144 pour résultat.

> Ne pas oublier de factoriser afin de ne pas perdre de solution.

Donc : $(x-6)^2 = 144$

$(x-6)^2 - (12)^2 = 0.$

Utilisons l'identité remarquable $a^2 - b^2 = (a+b)(a-b)$. Alors nous avons :

$(x-6+12)(x-6-12) = 0$

$(x+6)(x-18) = 0.$

Puisque nous avons un produit de facteurs nul, alors l'un au moins des facteurs est nul.

$x+6=0$ soit $x=-6$ ou bien $x-18=0$ soit $x=18$.

Conclusion : pour obtenir 144, il faut choisir au départ – 6 ou 18.

SUJET 18

Amérique du Nord • Juin 2013
Exercice 5 • 4 points

Calcul mental de Julie

Tom doit calculer $3{,}5^2$.
« Pas la peine de prendre la calculatrice, lui dit Julie, tu n'as qu'à effectuer le produit de 3 par 4 et rajouter 0,25. »

▶ **1.** Effectuer le calcul proposé par Julie et vérifier que le résultat obtenu est bien le carré de 3,5.

▶ **2.** Proposer une façon simple de calculer $7{,}5^2$ et donner le résultat.

▶ **3.** Julie propose la conjecture suivante : $(n + 0{,}5)^2 = n(n + 1) + 0{,}25$
n est un nombre entier positif.
Prouver que la conjecture de Julie est vraie (quel que soit le nombre n).

LES CLÉS DU SUJET

Construire soigneusement un arbre de probabilité pondéré.

▶ **1.** et ▶ **2.** Bien effectuer les calculs dans l'ordre indiqué.

▶ **3.** Développer séparément chacun des membres de la conjecture de Julie. Comparer les résultats obtenus et conclure.

CORRIGÉ 18

▶ **1.** Effectuons le calcul proposé par Julie. Nous avons :
$3 \times 4 + 0,25 = 12,25$. De plus $3,5^2 = 12,25$.

Conclusion : le résultat obtenu est bien le carré de 3,5 et Julie a raison !

▶ **2.** De même en appliquant la technique proposée par Julie nous pouvons proposer : $7,5^2 = 7 \times 8 + 0,25 = 56,25$. Ce résultat se vérifie aisément.

▶ **3.** Calculons :

$(n+0,5)^2 = n^2 + 2 \times n \times 0,5 + (0,5)^2 = n^2 + n + 0,25.$

$n(n+1) + 0,25 = n^2 + n + 0,25.$

Nous pouvons en conclure que $(n+0,5)^2 = n(n+1) + 0,25$ quel que soit le nombre n entier positif.

Conclusion : la conjecture de Julie est vraie.

SUJET

19

Pondichéry • Avril 2013

Exercice 4 • 4 points • Socle commun

NOMBRES ET CALCULS

Équation et tableur

On donne la feuille de calcul ci-dessous.

	A	B
	x	$2x^2 - 3x - 9$
1	– 2,5	11
2	– 2	5
3	– 1,5	0
4	– 1	– 4
5	– 0,5	– 7
6	0	– 9
7	0,5	– 10
8	1	– 10
9	1,5	– 9
10	2	– 7
11	2,5	– 4
12	3	0
13	3,5	5
14	4	11
15	4,5	18
16	5	26
17		

La colonne B donne les valeurs de l'expression $2x^2 - 3x - 9$ pour quelques valeurs de x de la colonne A.

▶ **1.** Si on tape le nombre 6 dans la cellule A17, quelle valeur va-t-on obtenir dans la cellule B17 ?

▶ **2.** À l'aide du tableur, trouver 2 solutions de l'équation :
$2x^2 - 3x - 9 = 0$.

▶ **3.** L'unité de longueur est le cm.
Donner une valeur de x pour laquelle l'aire du rectangle ci-dessous est égale à 5 cm². Justifier.

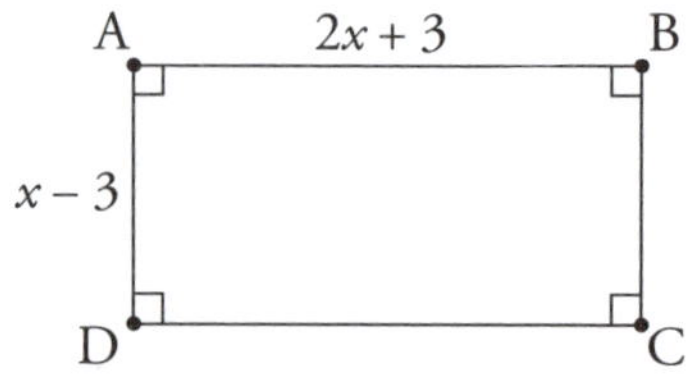

LES CLÉS DU SUJET

▶ **1.** Calculer la valeur de l'expression $2x^2 - 3x - 9$ lorsque $x = 6$.

▶ **3.** Calculer en fonction de x la mesure de l'aire du rectangle ABCD. Lire le résultat demandé sur le tableur.

CORRIGÉ 19

▶ **1.** Posons $E = 2x^2 - 3x - 9$.

Calculons E lorsque $x = 6$.

$E = 2 \times (6)^2 - 3 \times 6 - 9$ soit $\boxed{E = 45}$.

On obtient 45 dans la cellule B17.

▶ **2.** À l'aide du tableur, nous pouvons affirmer que $2x^2 - 3x - 9 = 0$ lorsque $x = -\ 1{,}5$ et lorsque $x = 3$.

Conclusion : – 1,5 et 3 sont deux solutions de l'équation
$2x^2 - 3x - 9 = 0$.

▶ **3.** Notons $\mathscr{A}(x)$ l'aire du rectangle ABCD.
$\mathscr{A}(x) = \text{AB} \times \text{AD} = (2x+3) \times (x-3)$
$\mathscr{A}(x) = 2x^2 - 3x - 9$
Nous remarquons que $\mathscr{A}(x) = \text{E}$. En utilisant le tableur, nous pouvons affirmer que $\mathscr{A}(x) = 5$ lorsque $x = -\ 2$ et lorsque $x = 3{,}5$.
Lorsque $x = 3{,}5$, $2x+3$ et $x-3$ sont bien positifs. En revanche, lorsque $x = -\ 2$, $x-3$ et $2x+3$ sont négatifs ce qui est impossible.

Attention
Une distance est toujours positive ! Donc il faut : $x - 3 > 0$ c'est-à-dire $x > 3$ et $2x + 3 > 0$ c'est-à-dire $x > -\frac{3}{2}$.
Conclusion : il faut $x > 3$.

Conclusion : lorsque $x = 3{,}5$ cm, l'aire du rectangle ABCD mesure 5 cm^2.

SUJET 20

France métropolitaine • Juin 2011
Exercice

Vrai ou faux ?

▶ **1.** Deux affirmations sont données ci-dessous.

• **Affirmation 1.** Pour tout nombre a : $(2a+3)^2 = 4a^2 + 9$.

• **Affirmation 2.** Augmenter un prix de 20 % puis effectuer une remise de 20 % sur ce nouveau prix revient à redonner à l'article son prix initial.

Pour chacune, indiquer si elle est vraie ou fausse en argumentant la réponse.

▶ **2.** Deux égalités sont données ci-dessous.

• **Égalité 1** : $\dfrac{\sqrt{32}}{2} = 2\sqrt{2}$.

• **Égalité 2** : $10^5 + 10^{-5} = 10^0$.

Pour chacune, indiquer si elle est vraie ou fausse.
Si elle est vraie, écrire les étapes des calculs qui permettent de l'obtenir.
Si elle est fausse, la transformer pour qu'elle devienne vraie.

LES CLÉS DU SUJET

▶ **1.** Voir les identités remarquables et les pourcentages.
Soit P le prix d'un objet. Une diminution (ou une augmentation) de son prix de n %, correspond à une réduction (ou à une augmentation) de $\dfrac{n}{100} \times \text{P}$.

▶ **2.** Voir les règles de calculs sur les racines carrées et sur les puissances.

CORRIGÉ 20

▶ **1.** L'affirmation 1 est fausse.

En effet d'après l'identité remarquable $(a+b)^2 = a^2 + 2ab + b^2$, nous avons $(2a+3)^2 = 4a^2 + 12a + 9$.

Quand on développe une expression de la forme $(a + b)^2$, il ne faut pas oublier le double produit !

L'affirmation 2 est fausse.

En effet notons P le prix d'un objet. Après une augmentation de 20 %, le prix de cet objet est

$P' = P + \frac{20}{100}P$ soit encore $P' = 1,2 \times P$.

Après une remise de 20 % sur ce dernier prix, l'objet coûte

$P'' = P' - \frac{20}{100}P'$ soit encore $P'' = 0,8 \times P'$.

$P'' = 0,8 \times (1,2 \times P)$

$P'' = 0,96 \times P$.

Conclusion : P'' est différent de P.

▶ **2.** L'égalité 1 est exacte.

En effet, posons $A = \frac{\sqrt{32}}{2}$.

Nous savons que $\sqrt{a^2 \times b} = a\sqrt{b}$ avec a et b positifs. Donc :

$A = \frac{\sqrt{4^2 \times 2}}{2} = \frac{4\sqrt{2}}{2}$

$A = 2\sqrt{2}$.

L'égalité 2 est fausse.

En effet, posons $B = 10^5 + 10^{-5}$. Alors :

$B = 10^5 + \frac{1}{10^5} = 100\ 000 + 0,000\ 01$

$B = 100\ 000,000\ 01$.

Par contre $10^5 \times 10^{-5} = 10^{5-5} = 10^0$, car $a^m \times a^n = a^{m+n}$.

SUJET 21

Asie • Juin 2013
Exercice 4 • 7 points

Programme de calcul et fonction associée

On considère le programme de calcul suivant :

Choisir un nombre Ajouter 5 Prendre le carré de cette somme

▶ **1.** Quel résultat obtient-on lorsqu'on choisit le nombre 3 ? le nombre – 7 ?

▶ **2. a)** Quel nombre peut-on choisir pour obtenir 25 ?
b) Peut-on obtenir – 25 ? Justifier la réponse.

▶ **3.** On appelle f la fonction qui, au nombre choisi, associe le résultat du programme de calcul.
a) Parmi les fonctions suivantes, quelle est la fonction f ?

$x \mapsto x^2 + 25$ $\qquad$ $x \mapsto (x+5)^2$

$x \mapsto x^2 + 5$ $\qquad$ $x \mapsto 2(x+5)$

b) Est-il vrai que – 2 est un antécédent de 9 ?

▶ **4. a)** Résoudre l'équation $(x+5)^2 = 25$.
b) En déduire tous les nombres que l'on peut choisir pour obtenir 25 à ce programme de calcul.

LES CLÉS DU SUJET

▶ **1.** Bien suivre le programme de calcul, étape par étape.
▶ **2. b)** Attention, un carré ne peut être négatif !
▶ **3. a)** Noter x le nombre choisi, appliquer le programme de calcul et conclure.
b) Calculer $f(-2)$.
▶ **4. a)** et **b)** Résoudre l'équation en utilisant l'identité remarquable $a^2 - b^2 = (a+b)(a-b)$.

CORRIGÉ 21

▶ **1.** • Le nombre choisi est 3.

Ajoutons 5 à ce nombre. Nous obtenons 8.

Élevons ce dernier résultat au carré. Nous obtenons 64.

• Le nombre choisi est –7.

Ajoutons 5 à ce nombre. Nous obtenons –2.

Élevons ce dernier résultat au carré. Nous obtenons 4.

▶ **2. a)** Si le nombre choisi est 0.

Lorsqu'on ajoute 5 à ce nombre, nous obtenons 5.

Élevons ce dernier résultat au carré. Nous obtenons 25.

Conclusion : si l'on choisit le nombre 0, on obtient 25.

b) La dernière étape consiste à élever au carré le dernier résultat obtenu. Nous savons qu'un carré ne peut être négatif.

Conclusion : on ne peut obtenir –25.

> **Attention**
> On ne demande pas d'indiquer **tous les nombres** que l'on peut choisir pour obtenir 25 comme résultat final !
> « Quel nombre » est au singulier, donc on vous demande d'indiquer **un seul nombre** permettant d'obtenir 25.

▶ **3. a)** Notons x le nombre choisi.

Ajoutons 5 à ce nombre. Nous obtenons $x+5$.

Élevons ce dernier résultat au carré. Nous obtenons $(x+5)^2$.

Conclusion : la fonction f est telle que $x \mapsto (x+5)^2$.

b) Calculons $f(-2)$.

$f(-2)=(-2+5)^2=9$.

Conclusion : –2 est un antécédent de 9. L'affirmation est vraie.

▶ **4. a)** Résolvons l'équation $(x+5)^2=25$.

NOMBRES ET CALCULS

POINT MÉTHODE

Résoudre une équation se ramenant à une équation produit

Ici : $(x+5)^2 = 25$ ou encore $(x+5)^2 - (5)^2 = 0$.

❶ Utiliser l'identité remarquable $a^2 - b^2 = (a+b)(a-b)$.

Ici : $(x+5+5) \times (x+5-5) = 0$ soit $(x+10) \times (x) = 0$.

❷ Utiliser le théorème suivant : si un produit de facteurs est nul, alors l'un au moins des facteurs est nul.

Ici : $x + 10 = 0$ soit $x = -10$, ou bien $x = 0$.

❸ Conclure en indiquant les solutions de l'équation.

Ici : -10 et 0 sont les solutions de l'équation.

Nous avons donc $(x+5)^2 - (5)^2 = 0$.

Appliquons l'identité remarquable $a^2 - b^2 = (a+b)(a-b)$. Nous obtenons :

$(x+5+5)\times(x+5-5)=0$

$(x+10)\times x = 0$.

Puisque nous avons un produit de facteurs nul, alors l'un au moins des facteurs est nul.

Nous avons donc :

$x+10=0$ soit $x=-10$

ou $x=0$.

Conclusion : -10 et 0 sont les solutions de l'équation.

b) Pour obtenir 25 à ce programme de calcul, il faut choisir les nombres -10 ou 0.

France métropolitaine • Septembre 2013

Exercice 3 • 5 points • Socle commun

Rectangles et carrés

ABCD est un rectangle tel que AB = 30 cm et BC = 24 cm.
On colorie aux quatre coins du rectangle quatre carrés identiques en gris.
On délimite ainsi un rectangle central que l'on colorie en noir.

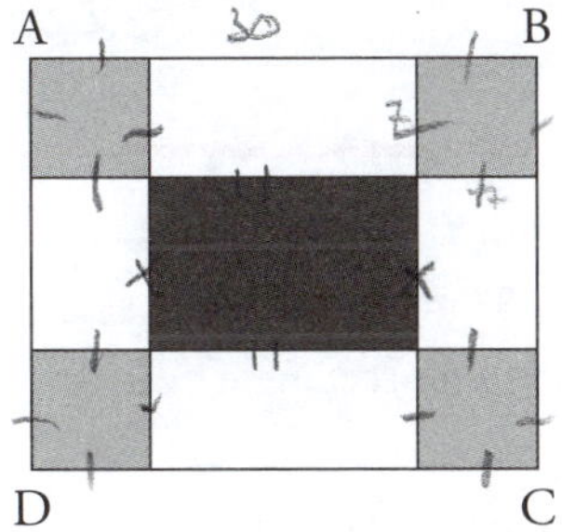

▶ **1.** Dans cette question, les quatre carrés gris ont tous 7 cm de côté.
Dans ce cas :

a) quel est le périmètre d'un carré gris ?

b) quel est le périmètre du rectangle noir ?

▶ **2.** Dans cette question, la longueur du côté des quatre carrés gris peut varier. Par conséquent, les dimensions du rectangle noir varient aussi.
Est-il possible que le périmètre du rectangle noir soit égal à la somme des périmètres des quatre carrés gris ?

LES CLÉS DU SUJET

▶ **1.** Appliquer les formules donnant le périmètre d'un carré et celui d'un rectangle (voir formulaire).

▶ **2.** Noter x la mesure du côté d'un carré gris.

Exprimer en fonction de x le périmètre du rectangle noir.

Exprimer en fonction de x le périmètre d'un carré gris puis celui des quatre carrés gris.

Résoudre une équation, puis conclure.

CORRIGÉ 22

▶ **1. a)** Notons p le périmètre d'un carré gris.

$p = 4 \times 7$ soit $p = 28$ cm.

b) Notons p' le périmètre du rectangle noir.

• La longueur L du rectangle noir mesure $30 - 7 - 7$ cm soit 16 cm.

• La largeur l du rectangle noir mesure $24 - 7 - 7$ cm soit 10 cm.

$p' = 2(\mathrm{L} + l) = 2(16 + 10)$.

Soit $p' = 52$ cm.

▶ **2.** Notons x la mesure du côté d'un carré gris.

• Notons p_1 le périmètre du rectangle noir.

La longueur L_1 du rectangle noir mesure $30 - x - x$ cm soit $30 - 2x$ en cm.

La largeur l_1 du rectangle noir mesure $24 - x - x$ cm soit $24 - 2x$ en cm.

$p_1 = 2(\mathrm{L}_1 + l_1)$

$p_1 = 2[(30 - 2x) + (24 - 2x)]$

$p_1 = 108 - 8x$ en cm.

• Notons p_2 le périmètre d'un carré gris.

$p_2 = 4 \times x$.

Le périmètre du rectangle noir sera égal à la somme des périmètres des quatre carrés gris lorsque $p_1 = 4 \times p_2$, soit lorsque $108 - 8x = 4 \times (4x)$.

POINT MÉTHODE

Résoudre une équation du premier degré dont l'inconnue est *x*

Ici : $108 - 8x = 16x$.

Voici les étapes de la recherche de solution :

❶ Regrouper les termes relatifs à l'inconnue x dans un membre et les termes connus dans l'autre membre.

Ici : $-8x - 16x = -108$.

❷ Simplifier chaque membre de l'égalité afin d'obtenir une équation de la forme $ax = b$.

Ici : $-24x = -108$.

❸ Nous savons que si $a \neq 0$, alors $x = \frac{b}{a}$.

Ici : $x = \frac{-108}{-24} = 4{,}5$.

Conseil
Ne pas oublier de vérifier que la valeur trouvée pour la longueur du côté du carré est bien inférieure à 12 cm.

Résolvons cette équation.

$108 - 8x = 16x$

$108 = 16x + 8x$

$24x = 108$

$x = \frac{108}{24}$

$x = 4{,}5$.

Conclusion : il est possible que le périmètre du rectangle noir soit égal à la somme des périmètres des quatre carrés gris. Cela se produit lorsque le côté d'un carré gris mesure **4,5 cm**.

Margot et Léo

On a calculé, en colonne B, les valeurs prises par l'expression $x^2 + x - 2$ pour les valeurs de x inscrites en colonne A.

A	B
x	$x^2 + x - 2$
– 5	18
– 4,5	13,75
– 4	10
– 3,5	6,75
– 3	4
– 2,5	1,75
– 2	0
– 1,5	– 1,25
– 1	– 2
– 0,5	– 2,25
0	– 2
0,5	– 1,25
1	0
1,5	1,75
2	4
2,5	6,75
3	10
3,5	13,75
4	18
4,5	22,75
5	28

On souhaite résoudre l'équation d'inconnue x : $x^2 + x - 2 = 4$.

▶ **1.** Margot dit que le nombre 2 est solution. A-t-elle raison ? Justifier.

▶ **2.** Léo pense que le nombre 18 est solution. A-t-il raison ? Justifier.

▶ **3.** Peut-on trouver une autre solution ? Justifier.

LES CLÉS DU SUJET

▶ **1.** Lire sur le tableau la valeur de l'expression $x^2 + x - 2$ lorsque x prend la valeur 2.

▶ **2.** Calculer la valeur de l'expression $x^2 + x - 2$ lorsque x prend la valeur 18.

▶ **3.** Lire sur le tableau les valeurs de x pour lesquelles l'expression $x^2 + x - 2$ prend la valeur 4.

CORRIGÉ 23

▶ **1.** Sur le tableau donné dans le texte de l'exercice, on remarque que l'expression $x^2 + x - 2$ est égale à 4 lorsque x prend la valeur 2.
Conclusion : Margot a raison, le nombre 2 est bien solution de l'équation $x^2 + x - 2 = 4$.

▶ **2.** Lorsque $x = 18$, $x^2 + x - 2 = 18^2 + 18 - 2$ ou encore $x^2 + x - 2 = 340$.
Conclusion : Léo n'a pas raison, le nombre 18 n'est pas solution de l'équation $x^2 + x - 2 = 4$.

À l'antépénultième ligne du tableau, ne pas confondre antécédent et image !

▶ **3.** Sur le tableau, nous remarquons que l'expression $x^2 + x - 2$ est égale à 4 lorsque x prend la valeur 2 ou la valeur – 3.
Conclusion : le nombre – 3 est une autre solution de l'équation $x^2 + x - 2 = 4$.

SUJET

24

Amérique du Nord • Juin 2013

Exercice 2 • 4 points

Combien de billets de chaque sorte ?

Arthur vide sa tirelire et constate qu'il possède 21 billets.
Il a des billets de 5 € et des billets de 10 € pour une somme totale de 125 €.
Combien de billets de chaque sorte possède-t-il ?

Si le travail n'est pas terminé, laisser tout de même une trace de la recherche. Elle sera prise en compte dans l'évaluation.

LES CLÉS DU SUJET

Noter x et y les nombres respectifs de billets de 5 euros et de 10 euros. Traduire l'énoncé par un système de deux équations à deux inconnues. Résoudre ce système.

CORRIGÉ 24

Notons x et y les nombres respectifs de billets de 5 euros et de 10 euros.

Traduisons maintenant l'énoncé par un système de deux équations à deux inconnues. Nous obtenons :

$$\begin{cases} x+y=21 & (1) \\ 5x+10y=125 & (2) \end{cases}$$

Résolvons ce système.

De l'équation (1), nous sortons $y=21-x$ (3).

Reportons dans l'équation (2). Nous pouvons écrire :

$5x+10(21-x)=125$

$5x+210-10x=125$

$5x-10x=125-210$

$-5x=-85$ soit $x=17$.

Remplaçons x par 17 dans (3). Il vient $y=21-17$ soit $y=4$.

Conclusion : Arthur possède 17 billets de 5 euros et 4 billets de 10 euros.

Autre méthode

Nous savons qu'Arthur possède des billets de 5 euros et des billets de 10 euros. Donc il possède au moins 2 billets de chaque sorte. Nous pouvons dresser le tableau suivant :

Nombre de billets de 10 euros	Nombre de billets de 5 euros	Somme totale en euros
2	19	$2\times10+19\times5=115$
3	18	$3\times10+18\times5=120$
4	17	$4\times10+17\times5=125$
5	16	$5\times10+16\times5=130$
6	15	$6\times10+15\times5=135$
....	....	....

Et ainsi de suite… On trouve une somme totale de 125 euros uniquement dans le cas où Arthur possède 4 billets de 10 euros et 17 billets de 5 euros.

Cette technique devient fastidieuse lorsque le nombre total de billets est grand !

NOMBRES ET CALCULS

SUJET 25

Polynésie française • Juin 2013

Exercice 1 • 4 points • Socle commun

QCM 4 questions

Pour chacune des questions suivantes, écris sur ta copie (sans justification) le numéro de la question et la lettre de la bonne réponse.

N°	Question	Réponse A	Réponse B	Réponse C
1	$\dfrac{15-9\times10^{-3}}{5\times10^{2}}=\ldots$	14,82	$29{,}982\times10^{-3}$	$1{,}2\times10^{-5}$
2	Combien faut-il de temps pour parcourir 800 m à la vitesse moyenne de 40 km/h ?	1 min 12 s	1 min 20 s	1 min 2 s
3	Si on triple l'arête d'un cube alors par combien est multiplié le volume du cube ?	3	9	27
4	Quelle est l'expression factorisée de $25x^2-16$?	$(5x-4)^2$	$(5x-8)(5x+8)$	$(5x+4)(5x-4)$

LES CLÉS DU SUJET

▶ **1.** Appliquer les règles de priorité des opérations.

▶ **2.** Utiliser la relation $d = v \times t$, où d est la distance parcourue, v la vitesse moyenne et t le temps mis pour la parcourir.

▶ **3.** Si on multiplie les dimensions d'une figure par un nombre k, son volume est multiplié par k^3.

▶ **4.** Utiliser l'identité remarquable $a^2-b^2=(a+b)(a-b)$.

CORRIGÉ 25

▶ **1.** Posons $E = \dfrac{15 - 9 \times 10^{-3}}{5 \times 10^{2}}$.

La multiplication est prioritaire sur la soustraction, donc :
$15 - 9 \times 10^{-3} = 15 - 0{,}009 = 14{,}991$.

De plus $5 \times 10^{2} = 500$.

Alors $E = \dfrac{14{,}991}{500} = 0{,}029982$ ou encore $\boxed{E = 29{,}982 \times 10^{-3}}$.

La bonne réponse est **B**.

▶ **2.** Nous avons la relation $d = v \times t$, où d est la distance parcourue, v la vitesse moyenne et t le temps mis pour la parcourir. Cette relation s'écrit encore $t = \dfrac{d}{v}$. Nous avons $d = 800$ m = 0,8 km.

Attention aux unités !
Puisque la vitesse est donnée en km/h, prendre la distance en km.
Le temps est alors obtenu en heures. Il faut ensuite le convertir en minutes et secondes.

$t = \dfrac{0{,}8}{40} = 0{,}02$ heure ou encore

$0{,}02 \times 3\ 600 = 72$ secondes.

En conclusion $t = 1$ min 12 s.

La bonne réponse est **A**.

▶ **3.** Si on multiplie les dimensions d'une figure par un nombre k, son volume est multiplié par k^3. Dans la question $k = 3$, donc $k^3 = 3^3 = 27$.

La bonne réponse est **C**.

▶ **4.** Posons $F = 25x^2 - 16$. On a aussi $F = (5x)^2 - (4)^2$.

Appliquons l'identité remarquable $a^2 - b^2 = (a+b)(a-b)$. Nous obtenons :

$F = (5x+4)(5x-4)$.

La bonne réponse est **C**.

SUJET 26

Nouvelle-Calédonie • Décembre 2011
Exercice • Socle commun

QCM 5 questions

Cet exercice est un questionnaire à choix multiple (QCM). Pour chaque ligne du tableau, trois réponses sont proposées, mais une seule est exacte. Indiquer sur votre copie le numéro de la question et, sans justifier, recopier la réponse exacte (aucun point ne sera enlevé en cas de mauvaise réponse).

▶ **1.** Le nombre $\frac{4}{3}-\frac{4}{3}\times\frac{27}{24}$ est égal à :	0	$\frac{5}{3}$	$-\frac{1}{6}$
▶ **2.** L'expression développée de $3x(5-4x)$ est :	$15x-12x$	$15x-12x^2$	$3x^2$
▶ **3.** On lance un dé équilibré à 6 faces et on regarde le nombre inscrit sur sa face supérieure. La probabilité de l'évènement « on obtient un nombre supérieur ou égal à 5 » est :	$\frac{1}{6}$	$\frac{1}{3}$	$\frac{4}{6}$
▶ **4.** Un billet d'avion coûte 70 000 F. Une agence de voyage vous accorde une réduction de 10 %. Vous allez payer :	63 000 F	77 000 F	7 000 F
▶ **5.** Le nombre $\frac{6\times10^3\times28\times10^{-2}}{14\times10^{-3}}$ est égal à :	12×10^{-9}	0,12	12×10^4

LES CLÉS DU SUJET

▶ **1.** Appliquer les règles de priorité des opérations, puis les règles de calcul sur les fractions.

▶ **2.** Utiliser les règles de la distributivité de la multiplication par rapport à l'addition et à la soustraction.

▶ **3.** Appliquer la définition suivante :
Soit E un événement. Quand les résultats d'une expérience ont tous la même probabilité, alors $p(\text{E}) = \dfrac{\text{nombre de résultats favorables}}{\text{nombre de résultats possibles}}$.

▶ **4.** Soit P le prix d'un objet. Une diminution de son prix de $n\,\%$ correspond à une réduction de son prix de $\dfrac{n}{100} \times \text{P}$.

▶ **5.** Appliquer les règles de calcul sur les puissances.

CORRIGÉ 26

▶ **1.** La bonne réponse est $-\dfrac{1}{6}$.

En effet posons $\text{A} = \dfrac{4}{3} - \dfrac{4}{3} \times \dfrac{27}{24}$. La multiplication est prioritaire sur la soustraction, donc :

$\text{A} = \dfrac{4}{3} - \dfrac{4 \times 27}{3 \times 24}$ soit $\text{A} = \dfrac{4}{3} - \dfrac{2 \times 2 \times 3 \times 3 \times 3}{3 \times 2 \times 2 \times 2 \times 3}$ ou encore $\text{A} = \dfrac{4}{3} - \dfrac{3}{2}$.

Réduisons au même dénominateur. Il vient $\text{A} = \dfrac{8}{6} - \dfrac{9}{6}$ c'est-à-dire $\text{A} = -\dfrac{1}{6}$.

▶ **2.** La bonne réponse est $15x - 12x^2$.

En effet posons $\text{B} = 3x(5 - 4x)$. La multiplication est distributive par rapport à l'addition et à la soustraction. Donc :

$\text{B} = 3x \times 5 - 3x \times 4x$ soit $\text{B} = 15x - 12x^2$.

▶ **3.** La bonne réponse est $\frac{1}{3}$.

En effet, appelons E l'événement « on obtient un nombre supérieur ou égal à 5 » et notons $p(\mathrm{E})$ sa probabilité de réalisation.

E est aussi l'événement « on obtient le nombre 5 ou 6 ».

Nous savons que $p(\mathrm{E}) = \frac{\text{nombre de résultats favorables}}{\text{nombre de résultats possibles}} = \frac{2}{6}$ ou encore $p(\mathrm{E}) = \frac{1}{3}$.

▶ **4.** La bonne réponse est 63 000 F.

En effet, une réduction de 10 % sur 70 000 F correspond à $\frac{10}{100} \times 70\,000$ soit 7 000 F.

Le prix à payer est donc de 70 000 – 7 000 soit 63 000 F.

▶ **5.** La bonne réponse est 12×10^4.

En effet, posons $\mathrm{C} = \frac{6 \times 10^3 \times 28 \times 10^{-2}}{14 \times 10^{-3}}$. Alors :

$\mathrm{C} = \frac{6 \times 28}{14} \times \frac{10^3 \times 10^{-2}}{10^{-3}}$.

Nous savons que $a^m \times a^n = a^{m+n}$ et que $\frac{a^m}{a^n} = a^{m-n}$.

$\mathrm{C} = 12 \times \frac{10^{3-2}}{10^{-3}} = 12 \times 10^{3-2+3}$ ou encore $\mathrm{C} = 12 \times 10^4$.

Amérique du Sud • Septembre 2012
Exercice

QCM 5 questions

Cet exercice est un questionnaire à choix multiples (QCM). Pour chaque question, une seule réponse est exacte. Une réponse correcte rapporte 1 point. L'absence de réponse ou une réponse fausse ne retire aucun point.
Aucune justification n'est demandée.
Indiquer sur la copie le numéro de la question et recopier la réponse exacte.

▶ **1.** Quelle est l'expression développée de $(3x+5)^2$?

❑ $9x^2+15x+25$ ❑ $9x^2+25$ ❑ $9x^2+30x+25$

▶ **2.** Quelle est l'expression factorisée de $16x^2-49$?

❑ $(4x-7)^2$ ❑ $(4x+7)(4x-7)$ ❑ $(16x+7)(16x-7)$

▶ **3.** Quelle est la valeur exacte de $\frac{\sqrt{48}}{2}$?

❑ $\sqrt{24}$ ❑ 3,64 ❑ $2\sqrt{3}$

▶ **4.** La fonction $f : x \mapsto 5-4x$ est :

❑ linéaire ❑ affine ❑ ni linéaire, ni affine

▶ **5.** L'écriture scientifique de 65 100 000 est :

❑ $6{,}51\times10^7$ ❑ 651×10^5 ❑ $6{,}51\times10^{-7}$

LES CLÉS DU SUJET

▶ **1.** Utiliser l'identité remarquable $(a+b)^2=a^2+2ab+b^2$.

▶ **2.** Utiliser l'identité remarquable $a^2-b^2=(a+b)(a-b)$.

▶ **3.** Utiliser $\sqrt{a^2b}=a\sqrt{b}$ avec a et b positifs.

▶ **4.** Voir les expressions algébriques d'une fonction linéaire, d'une fonction affine.

▶ **5.** Voir la définition de l'écriture scientifique normalisée dans le formulaire.

CORRIGÉ 27

▶ **1.** Posons $A = (3x+5)^2$.

Utilisons l'identité remarquable $(a+b)^2 = a^2 + 2ab + b^2$. Il vient :

$A = (3x)^2 + 2 \times 3x \times 5 + (5)^2$.

La réponse exacte est : $(3x+5)^2 = 9x^2 + 30x + 25$.

▶ **2.** Posons $B = 16x^2 - 49$.

Utilisons l'identité remarquable $a^2 - b^2 = (a+b)(a-b)$. Il vient :

$B = (4x)^2 - (7)^2$

$B = (4x+7)(4x-7)$.

La réponse exacte est : $16x^2 - 49 = (4x+7)(4x-7)$.

▶ **3.** Posons $C = \dfrac{\sqrt{48}}{2}$.

$C = \dfrac{\sqrt{4^2 \times 3}}{2}$

$C = \dfrac{4\sqrt{3}}{2} = 2\sqrt{3}$, car $\sqrt{a^2 b} = a\sqrt{b}$ avec a et b positifs.

La réponse exacte est : $2\sqrt{3}$.

Attention ! Ne pas confondre valeur exacte et valeur approchée.

▶ **4.** L'expression algébrique d'une fonction affine est $f : x \mapsto ax + b$ ou $f(x) = ax + b$.

Nous avons $f : x \mapsto 5 - 4x$ ou encore $f : x \mapsto -4x + 5$.

La réponse exacte est : la fonction f est affine.

▶ **5.** Nous savons que l'écriture scientifique d'un nombre est de la forme $a \times 10^n$ où $1 \leqslant a < 10$ et n est un entier relatif.

Posons $D = 65\ 100\ 000$. Alors $D = 6{,}51 \times 10\ 000\ 000$.

La réponse exacte est : $D = 6{,}51 \times 10^7$.

Asie • Juin 2013
Exercice 8 • 6 points

Piste cyclable

Dans cet exercice, si le travail n'est pas terminé, laisser tout de même une trace de la recherche. Elle sera prise en compte dans l'évaluation.

La ville Bonvivre possède une plaine de jeux bordée d'une piste cyclable.
La piste cyclable a la forme d'un rectangle ABCD dont on a « enlevé trois des coins ».
Le chemin de G à H est un arc de cercle ; les chemins de E à F et de I à J sont des segments.
Les droites (EF) et (AC) sont parallèles.

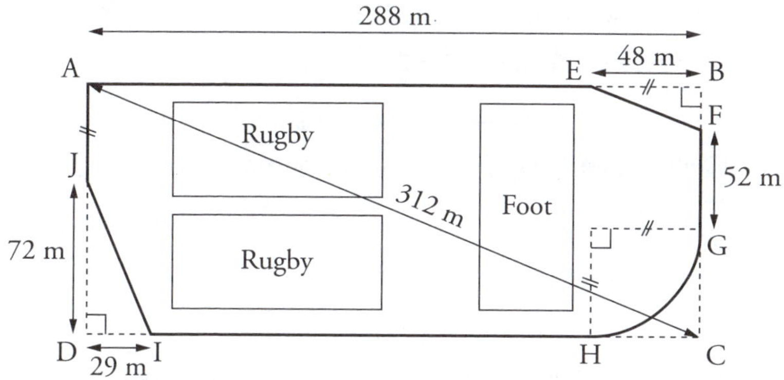

Quelle est la longueur de la piste cyclable ? Justifier la réponse.

LES CLÉS DU SUJET

Calculer les mesures de chaque tronçon de la piste cyclable.

- Appliquer le théorème de Thalès pour calculer la distance EF.
- Remarquer que l'arc de cercle $\overset{\frown}{GH}$ mesure le quart du périmètre d'un cercle.
- Appliquer le théorème de Pythagore pour calculer la distance IJ.

CORRIGÉ 28

Notons P la longueur de la piste cyclable.

$P = AE + EF + FG + \overset{\frown}{GH} + HI + IJ + JA$

• $AE = AB - BE = 288 - 48$ donc $AE = 240$ m.

• Calcul de EF.

Les points B, E, A sont alignés dans le même ordre que les points B, F, C. De plus les droites (EF) et (AC) sont parallèles.

Nous pouvons appliquer le théorème de Thalès et écrire : $\dfrac{BE}{BA} = \dfrac{EF}{AC}$.

$\dfrac{48}{288} = \dfrac{EF}{312}$; $EF = \dfrac{312 \times 48}{288}$ soit $EF = 52$ m.

• $FG = 52$ m.

• $\overset{\frown}{GH}$ est la longueur d'un quart de cercle.

$\overset{\frown}{GH} = \dfrac{1}{4} \times (2 \times \pi \times 48)$ soit $\overset{\frown}{GH} = 24\pi$ m.

• $HI = CD - CH - DI$; $HI = 288 - 48 - 29$ soit $HI = 211$ m.

• Le triangle IDJ est rectangle en D. Nous pouvons appliquer le théorème de Pythagore :

$IJ^2 = ID^2 + JD^2$

$IJ^2 = 29^2 + 72^2 = 6\ 025$

$IJ = \sqrt{6\ 025}$ m.

• AJ = 48 cm d'après le codage du schéma.

$P = 240 + 52 + 52 + 24\pi + 211 + \sqrt{6\ 025} + 48$

$P = 603 + 24\pi + \sqrt{6\ 025}$ m, valeur exacte.

$\boxed{P = 756 \text{ m}}$, valeur arrondie à l'unité.

Attention
L'énoncé n'indique pas s'il faut donner la valeur exacte ou une valeur approchée. C'est pourquoi les deux réponses sont données.

Amérique du Sud • Novembre 2013
Exercice 2 • 4 points • Socle commun

Clôturage d'un champ

Jean-Michel est propriétaire d'un champ, représenté par le triangle ABC ci-dessous. Il achète à son voisin le champ adjacent, représenté par le triangle ADC. On obtient ainsi un nouveau champ formé par le quadrilatère ABCD.

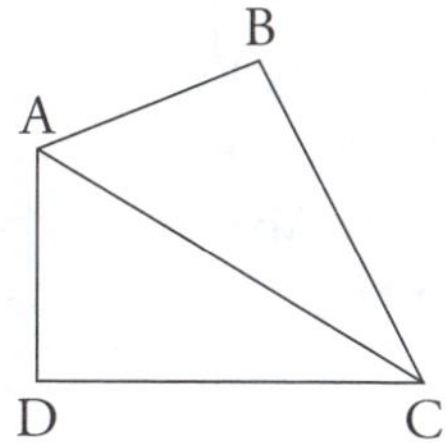

Jean-Michel sait que le périmètre de son champ ABC est de 154 mètres et que BC = 56 m.
Son voisin l'informe que le périmètre du champ ADC est de 144 mètres et que AC = 65 m.
De plus, il sait que AD = 16 m.

▶ **1. a)** Justifier que les longueurs AB et DC sont respectivement égales à 33 m et 63 m.
b) Calculer le périmètre du champ ABCD.

▶ **2.** Démontrer que le triangle ADC est rectangle en D.
On admet que le triangle ABC est rectangle en B.

▶ **3.** Calculer l'aire du champ ABCD.

▶ **4.** Jean-Michel veut clôturer son champ avec du grillage. Il se rend chez son commerçant habituel et tombe sur l'annonce suivante :

Grillage : 0,85 € par mètre

Combien va-t-il payer pour clôturer son champ ?

LES CLÉS DU SUJET

▶ **1. b)** Pour calculer le périmètre d'un polygone, il suffit d'additionner la mesure de tous ses côtés !
▶ **2.** Utiliser la réciproque du théorème de Pythagore.
▶ **3.** Utiliser la formule donnant l'aire d'un triangle rectangle.

CORRIGÉ 29

▶ **1. a)** Puisque le périmètre du triangle ADC mesure 144 m, alors $AD + DC + CA = 144$ m. De plus nous savons que $AC = 65$ m et $AD = 16$ m.

Donc $16 + DC + 65 = 144$ m soit **DC = 63 m.**

Puisque le périmètre du triangle ABC mesure 154 m, alors $AB + BC + CA = 154$ m. De plus nous savons que $BC = 56$ m et $AC = 65$ m.

Donc $AB + 56 + 65 = 154$ m soit **AB = 33 m.**

b) Notons p le périmètre du champ ABCD.

$p = AB + BC + CD + DA$

$p = 33 + 56 + 63 + 16$

$p = 168$ m.

POINT MÉTHODE

Démontrer qu'un triangle, dont on connaît les mesures de chacun des 3 côtés, est rectangle (ou ne l'est pas)

On utilise la réciproque du théorème de Pythagore.

Voici les étapes de la démonstration :

❶ Calculer les carrés des mesures de chacun des côtés du triangle.

Ici : $AC^2 = 4\,225$, $CD^2 = 3\,969$ et $AD^2 = 256$.

❷ Comparer le carré de la mesure du plus grand côté à la somme des carrés des 2 autres.

Ici : 4 225 est égal à 3 969 + 256 donc AC^2 est égal à $CD^2 + AD^2$.

❸ Si les deux quantités comparées à l'étape précédente sont égales, le triangle est rectangle et le côté dont la mesure est la plus grande est son hypoténuse.

Sinon le triangle n'est pas rectangle.

Ici : le triangle ACD est rectangle en D.

▶ **2.** Calculons :

$AC^2 = 65^2 = 4\ 225$

$CD^2 = 63^2 = 3\ 969$

$AD^2 = 16^2 = 256.$

Nous remarquons que $4\ 225 = 3\ 969 + 256$,
donc $AC^2 = CD^2 + AD^2$.

> **Attention**
> Il faut **démontrer** que le triangle ADC est rectangle en D.
> Il faut **admettre** que le triangle ABC est rectangle en B.

D'après la réciproque du théorème de Pythagore, le triangle ADC est rectangle en D.

▶ **3.** Notons $\mathcal{A}$ l'aire du champ ABCD.

Ce champ est composé de deux triangles rectangles ABC et ADC.

$$\mathcal{A} = \frac{AB \times BC}{2} + \frac{AD \times DC}{2}$$

$$\mathcal{A} = \frac{33 \times 56}{2} + \frac{16 \times 63}{2}$$

$$\mathcal{A} = 1\ 428\ m^2.$$

▶ **4.** Nous avons démontré que le périmètre du champ mesure 168 m.

Notons C le coût du grillage.

$C = 0{,}85 \times 168$ soit $C = 142{,}8$ euros.

SUJET

30

France métropolitaine • Septembre 2013

Exercice 6 • 6,5 points

Structure pour un skatepark

Pour chaque question, si le travail n'est pas terminé, laisser tout de même une trace de la recherche ; elle sera prise en compte dans la notation.

On souhaite construire une structure pour un skatepark, constituée d'un escalier de six marches identiques permettant d'accéder à un plan incliné dont la hauteur est égale à 96 cm.
Le projet de cette structure est présenté ci-dessous.

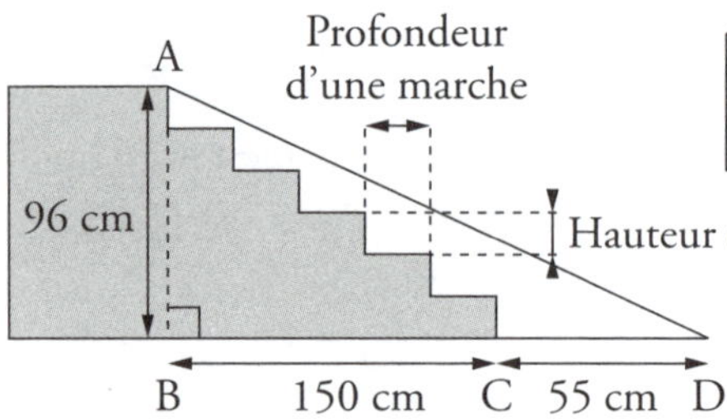

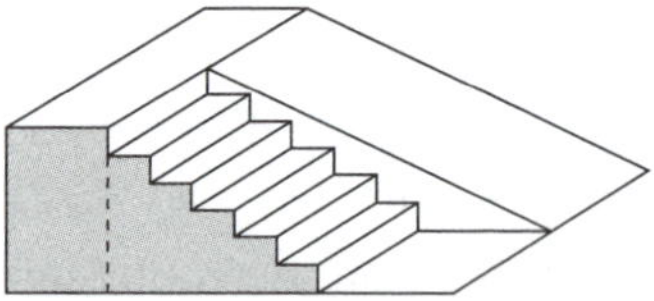

Normes de construction de l'escalier :
$60 \leqslant 2h + p \leqslant 65$ où h est la hauteur d'une marche et p la profondeur d'une marche, en cm.
Demandes des habitués du skatepark :
Longueur du plan incliné (c'est-à-dire la longueur AD) comprise entre 2,20 m et 2,50 m.
Angle formé par le plan incliné avec le sol (ici l'angle $\widehat{BDA}$) compris entre 20° et 30°.

▶ **1.** Les normes de construction de l'escalier sont-elles respectées ?

▶ **2.** Les demandes des habitués du skatepark pour le plan incliné sont-elles satisfaites ?

LES CLÉS DU SUJET

▶ **1.** À l'aide du schéma fourni, calculer la hauteur d'une marche et sa profondeur. La double inégalité relative aux normes de construction de l'escalier est-elle vérifiée ?

▶ **2.** Appliquer le théorème de Pythagore au triangle ABD rectangle en B. Puis utiliser une relation trigonométrique dans ce même triangle.

CORRIGÉ 30

▶ **1.** Calculons la hauteur h d'une marche et sa profondeur p.

• $6h = 96$ soit $h = \frac{96}{6} = 16$ cm.

• $5p = 150$ soit $p = \frac{150}{5} = 30$ cm.

Nous obtenons donc :

$2h + p = 2 \times 16 + 30$

$2h + p = 62$ cm.

Les normes de construction exigent : $60 \leqslant 2h + p \leqslant 65$ en cm.

Conclusion : ces normes sont respectées.

▶ **2.** Calculons la longueur AD du plan incliné.

Nous avons $BD = BC + CD = 150 + 55$ soit $BD = 205$ cm.

POINT MÉTHODE

Calculer la longueur d'un côté d'un triangle rectangle, connaissant les longueurs des deux autres côtés

On utilise le théorème de Pythagore. Voici les étapes de la démonstration :

❶ Écrire l'égalité de Pythagore.

Ici : $AD^2 = AB^2 + BD^2$.

❷ Introduire, dans cette égalité, les deux longueurs connues.

Ici : $AD^2 = 96^2 + 205^2$.

❸ Déduire le carré de la longueur demandée, puis la longueur demandée.

Ici : $AD^2 = 51\,241$ soit $AD = \sqrt{51\,241}$.

GÉOMÉTRIE

Le triangle ABD est rectangle en B. Nous pouvons lui appliquer le théorème de Pythagore. Il vient :

> **Attention**
> Utiliser une seule unité de longueur ! Prendre, par exemple, le centimètre.

$AD^2 = AB^2 + BD^2$

$AD^2 = 96^2 + 205^2$

$AD^2 = 51\ 241$

$AD = \sqrt{51\ 241}$ soit $AD = 226$ cm $= 2{,}26$ m,valeur arrondie au cm.

Conclusion : la demande relative à la longueur du plan incliné est satisfaite.

• Calculons la mesure de l'angle $\widehat{BDA}$.

Dans le triangle ABD rectangle en B, nous avons $\tan \widehat{BDA} = \dfrac{AB}{BD} = \dfrac{96}{205}$.

La calculatrice indique $\widehat{BDA} = 25°$, valeur arrondie au degré.

Conclusion : la demande relative à l'angle formé par le plan incliné avec le sol est elle aussi satisfaite.

Conclusion générale : les deux demandes des habitués du skatepark sont satisfaites.

France métropolitaine • Septembre 2011
Exercice

Triangle rectangle ou pas rectangle ?

On a dessiné et codé quatre figures géométriques. Dans chaque cas, préciser si le triangle ABC est rectangle ou non.

Une démonstration rédigée n'est pas attendue. Pour justifier, on se contentera de citer une propriété ou d'effectuer un calcul.

▶ **1.** Figure 1

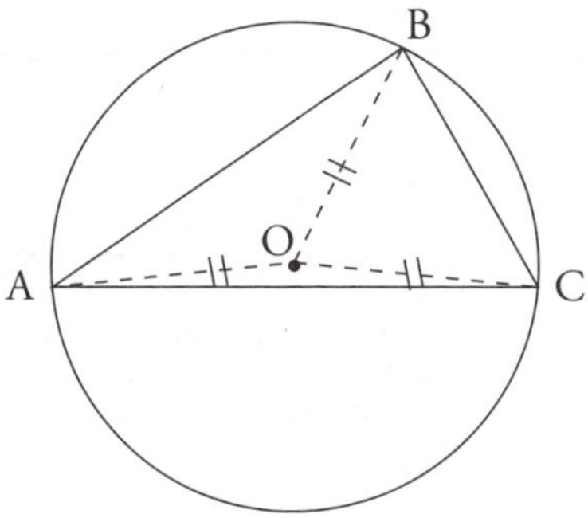

▶ **2.** Figure 2

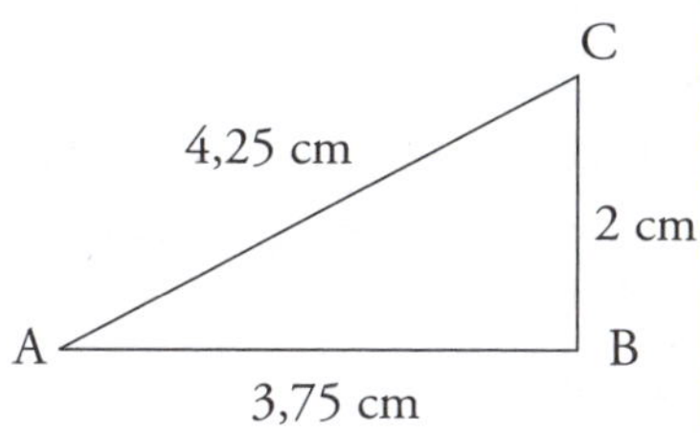

▶ **3.** Figure 3

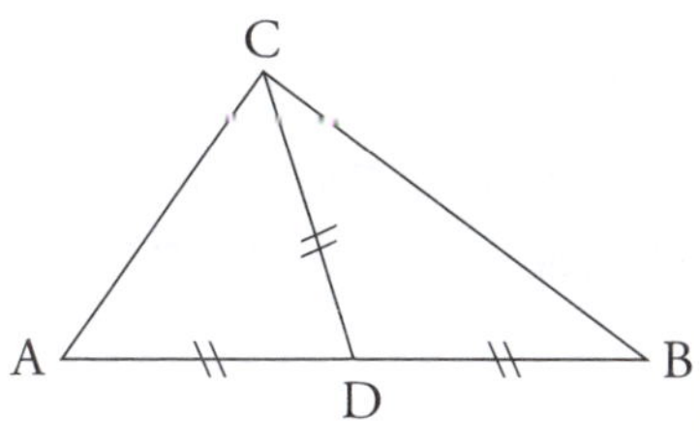

Les points A, B et D sont alignés

▶ **4.** Figure 4

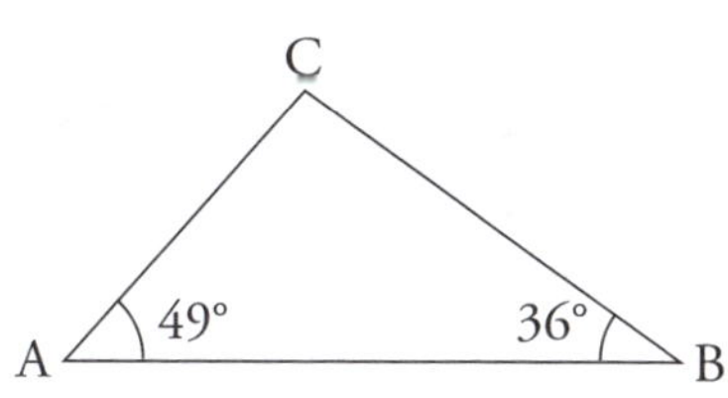

LES CLÉS DU SUJET

Utiliser les théorèmes ou propriétés suivants :

▶ **1.** Tout triangle ABC rectangle en B est inscriptible dans un demi-cercle de diamètre [AC].

▶ **2.** La réciproque du théorème de Pythagore.

▶ **3.** Si dans un triangle la médiane relative à un côté mesure la moitié de ce côté, alors le triangle est rectangle et a pour hypoténuse ce côté.

▶ **4.** Dans un triangle quelconque, la somme des mesures des trois angles est égale à 180 degrés.

CORRIGÉ 31

L'énoncé précise qu'une démonstration rédigée n'est pas attendue. Toutefois, afin de vous aider à bien préparer le brevet, une démonstration développée est donnée.

▶ **1.** Figure 1.

Le triangle ABC n'est pas rectangle.

En effet aucun côté n'est le diamètre du cercle circonscrit.

▶ **2.** Figure 2.

Le triangle ABC est rectangle en B.

En effet :

$BA^2 = 3{,}75^2 = 14{,}0625$

$BC^2 = 2^2 = 4$

$AC^2 = 4{,}25^2 = 18{,}0625.$

Nous remarquons que $14{,}0625 + 4 = 18{,}0625$, donc $BA^2 + BC^2 = AC^2$.

D'après la réciproque du théorème de Pythagore, le triangle ABC est rectangle en B.

▶ **3.** Figure 3.

Le triangle ABC est rectangle en C.

En effet nous savons (d'après la figure) que D est le milieu de [AB] et que AD = DB = CD. Nous connaissons aussi la propriété :

« Si dans un triangle la médiane relative à un côté mesure la moitié de ce côté, alors le triangle est rectangle et a pour hypoténuse ce côté. »

Le triangle ACB est bien rectangle en C.

▶ **4.** Figure 4.

Le triangle ABC n'est pas rectangle.

En effet, nous savons que dans un triangle quelconque, la somme des mesures des trois angles est égale à 180 degrés. Donc :

$\widehat{C} + \widehat{A} + \widehat{B} = 180°$

$\widehat{C} + 49° + 36° = 180°$

$\widehat{C} = 95°$.

Aucun des angles du triangle ABC ne mesure 90°. Ce triangle n'est pas rectangle.

SUJET

32

France métropolitaine • Septembre 2013

Exercice 5 • 5 points

Figure codée

Pour chaque question, si le travail n'est pas terminé, laisser tout de même une trace de la recherche ; elle sera prise en compte dans la notation.

Voici une figure codée réalisée à main levée :

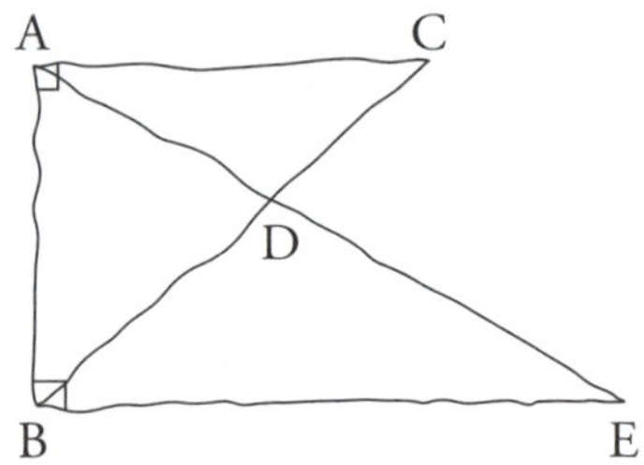

On sait que :

- la droite (AC) est perpendiculaire à la droite (AB) ;
- la droite (EB) est perpendiculaire à la droite (AB) ;
- les droites (AE) et (BC) se coupent en D ;
- AC = 2,4 cm ; AB = 3,2 cm ; BD = 2,5 cm ; DC = 1,5 cm.

▶ **1.** Réaliser la figure en vraie grandeur sur la copie.

▶ **2.** Déterminer l'aire du triangle ABE.

LES CLÉS DU SUJET

▶ **1.** Utiliser une règle graduée et une équerre.

▶ **2.** Appliquer le théorème de Thalès pour calculer la longueur BE (en justifiant son application), puis utiliser la formule donnant l'aire d'un triangle rectangle.

CORRIGÉ 32

▶ **1.** Construction de la figure en vraie grandeur.

• On trace un segment [AC] de longueur 2,4 cm.

• On trace la droite Δ_1 perpendiculaire en A à la droite (AC). On prend sur Δ_1 un point B tel que AB = 3,2 cm.

• On trace la droite Δ_2 perpendiculaire en B à la droite (AB).

• Sur le segment [BC], on place le point D tel que BD = 2,5 cm.

• La droite (AD) coupe la droite Δ_2 en E.

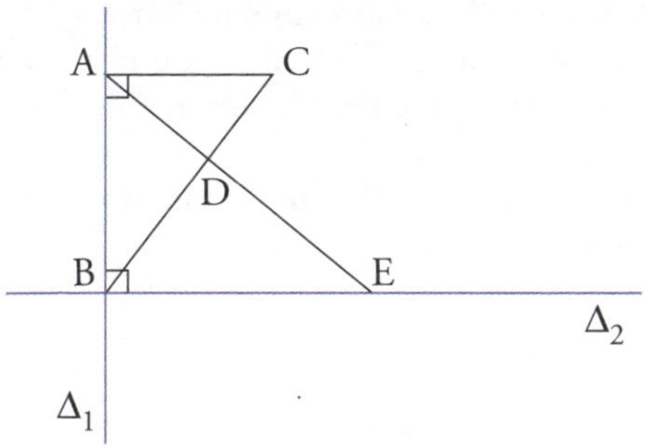

▶ **2.** Notons $\mathscr{A}$ l'aire du triangle ABE rectangle en B.

Nous avons $\mathscr{A} = \dfrac{BA \times BE}{2}$.

Nous savons que BA = 3,2 cm. Calculons la distance BE. Les points D, B, C sont alignés dans le même ordre que les points D, E, A. De plus les droites (AC) et (BE) sont parallèles car elles sont toutes deux perpendiculaires à la droite (AB).

Le théorème de Thalès permet d'écrire $\dfrac{DB}{DC} = \dfrac{BE}{AC}$.

$\dfrac{2{,}5}{1{,}5} = \dfrac{BE}{2{,}4}$; $1{,}5 \times BE = 2{,}5 \times 2{,}4$; $BE = \dfrac{2{,}5 \times 2{,}4}{1{,}5}$; BE = 4 cm.

Nous avons $\mathscr{A} = \dfrac{3{,}2 \times 4}{2} = 6{,}4 \text{ cm}^2$.

SUJET

33

Polynésie française • Septembre 2013

Exercice 5 • 5 points

Mesure de la hauteur d'un pinus

Teiki se promène en montagne et aimerait connaître la hauteur d'un pinus (ou pin des Caraïbes) situé devant lui. Pour cela, il utilise un bâton et prend quelques mesures au sol. Il procède de la façon suivante :

– il pique le bâton en terre, verticalement, à 12 mètres du pinus ;

– la partie visible (hors sol) du bâton mesure 2 m ;

– Teiki se place derrière le bâton, de façon à ce que son œil, situé à 1,60 m au-dessus du sol, voie en alignement le sommet de l'arbre et l'extrémité du bâton ;

– Teiki marque sa position au sol, puis mesure la distance entre sa position et le bâton. Il trouve alors 1,2 m.

On peut représenter cette situation à l'aide du schéma ci-dessous :

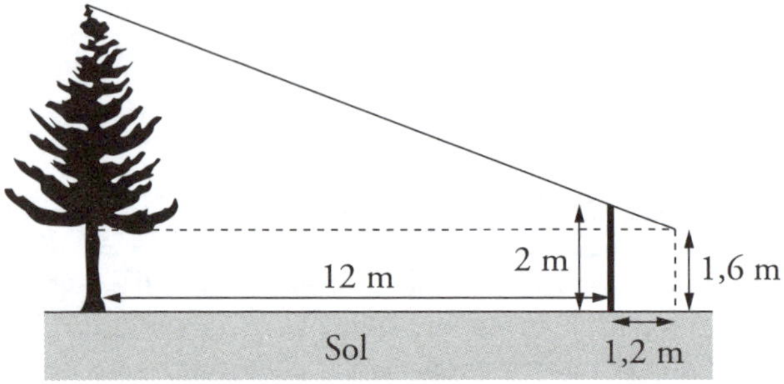

Quelle est la hauteur du pinus au-dessus du sol ?

LES CLÉS DU SUJET

Utiliser le théorème de Thalès en justifiant son application.

CORRIGÉ 33

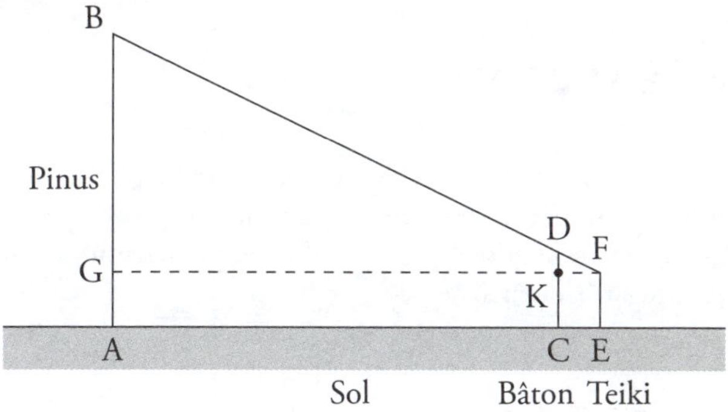

Le pinus et le bâton sont verticaux donc parallèles entre eux.

> **Conseil**
> Afin de faciliter la rédaction de cet exercice, il est bon de construire une figure géométrique simple et de mettre des lettres aux points importants de cette figure.

Les points F, K, G sont alignés dans le même ordre que les points F, D, B. De plus les droites (DK) et (BG) sont parallèles. Nous pouvons appliquer le théorème de Thalès et écrire : $\frac{FK}{FG} = \frac{DK}{BG}$.

Nous avons :

$FK = 1,2$ m ;

$FG = GK + KF = 12 + 1,2$ soit $FG = 13,2$ m ;

$DK = DC - KC = 2 - 1,6$ soit $DK = 0,4$ m.

Nous pouvons écrire :

$$\frac{1,2}{13,2} = \frac{0,4}{BG}$$

$1,2 \times BG = 0,4 \times 13,2$

$$BG = \frac{0,4 \times 13,2}{1,2}$$

$BG = 4,4$ m.

Alors $AB = BG + GA = 4,4 + 1,6$

$AB = 6$ m.

Conclusion : la hauteur du pinus au-dessus du sol est de 6 m.

Nouvelle-Calédonie • Décembre 2013
Exercice 5 • 4 points

Sécurité routière

En se retournant lors d'une marche arrière, le conducteur d'une camionnette voit le sol à 6 mètres derrière son camion.
Sur le schéma, la zone grisée correspond à ce que le conducteur ne voit pas lorsqu'il regarde en arrière.

Données :
(AE)//(BD)
AE = 1,50 m
BD = 1,10 m
EC = 6 m

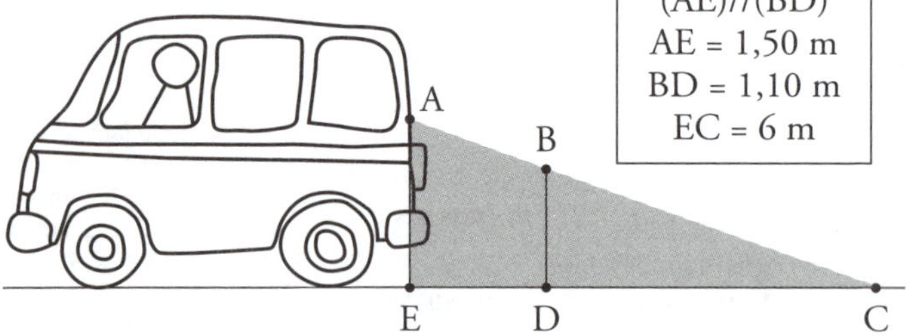

▶ **1.** Calculer DC.

▶ **2.** En déduire que ED = 1,60 m.

▶ **3.** Une fillette mesure 1,10 m. Elle passe à 1,40 m derrière la camionnette. Le conducteur peut-il la voir ? Expliquer.

LES CLÉS DU SUJET

▶ **1.** Appliquer le théorème de Thalès en justifiant son application.
▶ **3.** Faire un schéma en plaçant la fillette à 1,4 m derrière la camionnette. Déterminer si la fillette est entièrement dans la zone grisée ou non.

CORRIGÉ 34

▶ **1.** Les points C, D, E sont alignés dans le même ordre que les points C, B, A. De plus les droites (AE) et (BD) sont parallèles. Nous pouvons appliquer le théorème de Thalès et écrire $\frac{CD}{CE} = \frac{BD}{AE}$. Nous avons :

$\frac{CD}{6} = \frac{1,1}{1,5}$; $1,5 \times CD = 1,1 \times 6$; $CD = \frac{1,1 \times 6}{1,5}$ soit $CD = 4,4$ m.

▶ **2.** Le schéma permet d'écrire :

$ED = EC - CD$

$ED = 6 - 4,4$

$ED = 1,6$ m.

▶ **3.** Notons F le point du segment $[EC]$ tel que $EF = 1,4$ m. La droite parallèle à (AE) passant par F coupe $[AC]$ en G.

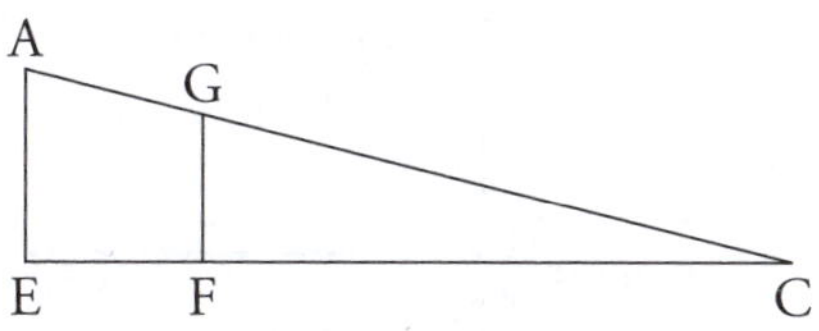

Les points C, F, E sont alignés dans le même ordre que les points C, G, A. De plus les droites (AE) et (FG) sont parallèles.

Nous pouvons appliquer le théorème de Thalès et écrire $\frac{CF}{CE} = \frac{FG}{AE}$.

Nous avons $CF = CE - EF = 6 - 1,4$ soit $CF = 4,6$ m. Alors :

$\frac{4,6}{6} = \frac{FG}{1,5}$

$6 \times FG = 1,5 \times 4,6$

$FG = \frac{1,5 \times 4,6}{6}$

$FG = 1,15$ m.

La fillette mesure 1,10 m. Le conducteur du camion ne peut la voir, car nous avons $1,10 \text{ m} < 1,15 \text{ m}$.

D'après Pondichéry • Avril 2012
Exercice 4

Profondeur d'un puits

Un jeune berger se trouve au bord d'un puits de forme cylindrique dont le diamètre vaut 75 cm : il aligne son regard avec le bord intérieur du puits et le fond du puits pour en estimer la profondeur. Le fond du puits et le rebord sont horizontaux. Le puits est vertical.

▶ **1.** En s'aidant du schéma ci-après (il n'est pas à l'échelle), donner les longueurs CB, FG, RB en mètres.

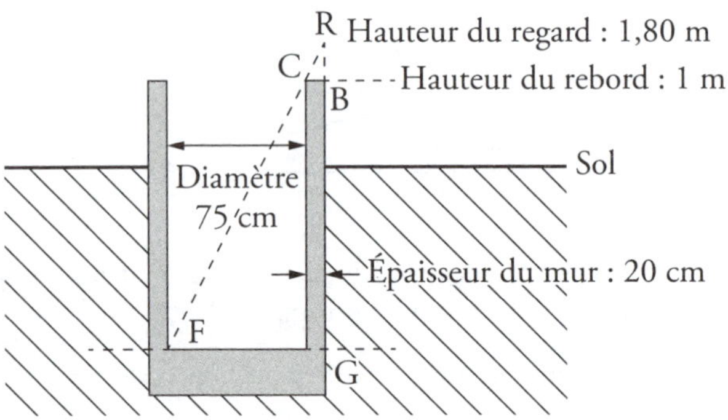

▶ **2.** Calculer la profondeur BG du puits.

▶ **3.** Le berger s'aperçoit que la hauteur d'eau dans le puis est 2,60 m. Le jeune berger a besoin de 1 m^3 d'eau pour abreuver tous ses moutons. En trouvera-t-il suffisamment dans ce puits ?

LES CLÉS DU SUJET

▶ **1.** Tout est indiqué sur le schéma.
▶ **2.** Appliquer le théorème de Thalès en justifiant son application.
▶ **3.** Appliquer la formule donnant le volume d'un cylindre puis conclure.

CORRIGÉ 35

▶ **1.** La longueur CB correspond à l'épaisseur du mur : CB = 20 cm.

La longueur FG correspond au diamètre du puits augmenté de l'épaisseur du mur :

FG = 75 + 20 soit FG = 95 cm.

La longueur RB correspond à la différence entre la hauteur du regard et la hauteur du rebord.

Nous avons RB = 1,8 – 1 soit RB = 0,8 m = 80 cm.

Attention aux unités ! Prenez toutes les longueurs en mètres ou toutes les longueurs en centimètres.

▶ **2.** Les points R, B, G et R, C, F sont alignés dans le même ordre. De plus le fond du puits et le rebord sont horizontaux, donc les droites (CB) et (FG) sont parallèles.

Nous pouvons appliquer le théorème de Thalès et écrire : $\frac{RB}{RG} = \frac{CB}{FG}$.

Nous avons alors $\frac{RB}{RB+BG} = \frac{CB}{FG}$ soit $\frac{80}{80+BG} = \frac{20}{95}$.

$20 \times (80 + BG) = 80 \times 95$

$1\ 600 + 20BG = 7\ 600$

$20BG = 7\ 600 - 1\ 600 = 6\ 000$

$BG = \frac{6\ 000}{20}$

BG = 300 cm ou encore $\boxed{BG = 3\ \text{m}}$.

▶ **3.** Notons $\mathcal{V}$ le volume d'eau contenue dans le puits de forme cylindrique.

Nous avons $\mathcal{V} = \pi \times R^2 \times h$, où R désigne le rayon de la base du cylindre et h la hauteur de l'eau.

• $R = \frac{75}{2} = 37{,}5$ cm soit R = 0,375 m.

• $h = 2{,}6$ m.

$\mathcal{V} = \pi \times 0{,}375^2 \times 2{,}6\ \text{m}^3$ ou encore $\boxed{\mathcal{V} = 1{,}148\ \text{m}^3}$ valeur approchée par défaut à 1 dm^3 près.

Le jeune berger a besoin de 1 m^3 d'eau pour abreuver ses moutons. Il trouvera donc suffisamment d'eau dans le puits.

GÉOMÉTRIE

SUJET

36

Amérique du Nord • Juin 2011

Exercice

Retrouver les questions

Cet exercice comporte une tâche non guidée de difficulté 2.

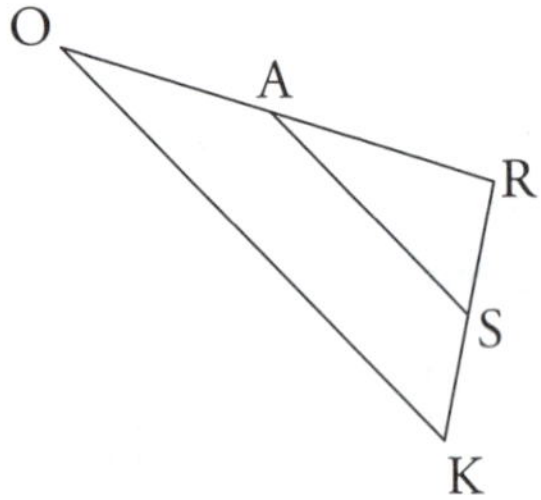

Dans la configuration ci-contre, les droites (SA) et (OK) sont parallèles. On sait que :

- SA = 5 cm ;
- OA = 3,8 cm ;
- OR = 6,84 cm ;
- KR = 7,2 cm.

Les questions de cet exercice ont été effacées, mais il reste ci-dessous des calculs effectués par un élève, en réponse aux questions manquantes.

▶ **1.** $6{,}84 - 3{,}8 = 3{,}04$.

▶ **2.** $\dfrac{5 \times 6{,}84}{3{,}04} = 11{,}25$.

▶ **3.** $7{,}2 + 6{,}84 + 11{,}25 = 25{,}29$.

En utilisant tous les calculs précédents, écrire les questions auxquelles l'élève a répondu, et rédiger précisément ses réponses.

LES CLÉS DU SUJET

▶ **2.** Appliquer le théorème de Thalès, en justifiant précisément cette application.

▶ **3.** Penser à un calcul de périmètre.

CORRIGÉ 36

▶ **1.** La question posée peut être formulée ainsi :
« Quelle est la mesure de la distance AR ? »
Réponse à cette question : les points O, A et R sont alignés et le point A est situé sur le segment $[OR]$.

Alors AR = OR – OA soit AR = 6,84 – 3,8 ou encore $\boxed{AR = 3{,}04 \text{ cm}}$

▶ **2.** La question posée peut être formulée ainsi :
« Quelle est la mesure de la distance KO ? »
Réponse à cette question : les points R, A et O sont alignés dans le même ordre que les points R, S et K. De plus, les droites (SA) et (OK) sont parallèles. Nous pouvons appliquer le théorème de Thalès et écrire $\frac{RO}{RA} = \frac{KO}{SA}$.

Nous avons donc :

$$\frac{6{,}84}{3{,}04} = \frac{KO}{5}$$

$$3{,}04 \times KO = 5 \times 6{,}84$$

$$KO = \frac{5 \times 6{,}84}{3{,}04}$$

$$KO = 11{,}25 \text{ cm}.$$

▶ **3.** La question posée peut être formulée ainsi :
« Quelle est la mesure du périmètre du triangle KRO ? »
Réponse à cette question : notons p la mesure du périmètre du triangle KRO.

$$p = KR + RO + OK$$

$$p = 7{,}2 + 6{,}84 + 11{,}25$$

$$\boxed{p = 25{,}29 \text{ cm}}$$

GÉOMÉTRIE

SUJET

37

Madagascar • Juin 2011

Exercice

Réparation d'une voile

Un centre nautique souhaite effectuer une réparation sur une voile.
La voile a la forme du triangle PMW ci-contre.

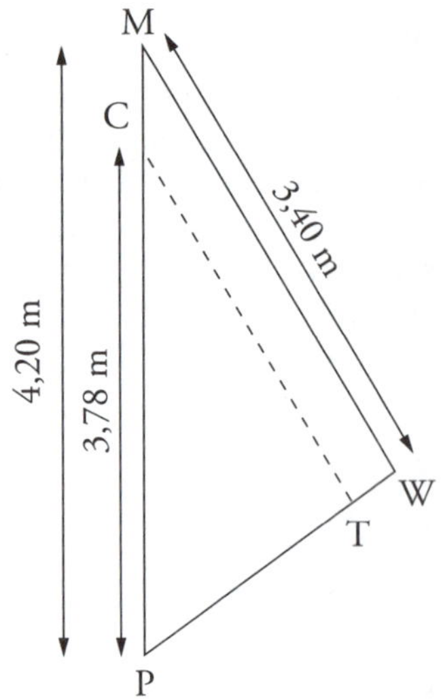

▶ **1.** On souhaite faire une couture suivant le segment [CT].

a) Si (CT) est parallèle à (MW), quelle sera la longueur de cette couture ?

b) La quantité de fil nécessaire est le double de la longueur de la couture. Est-ce que 7 mètres de fil suffiront ?

▶ **2.** Une fois la couture terminée, on mesure :
PT = 1,88 m et PW = 2,30 m.
La couture est-elle parallèle à (MW) ?

LES CLÉS DU SUJET

▶ **1. a)** Appliquer le théorème de Thalès.

▶ **2.** Utiliser la réciproque du théorème de Thalès.

CORRIGÉ 37

▶ **1. a)** Les points P, C, M sont alignés dans le même ordre que les points P, T, W. Si, de plus, les droites (CT) et (MW) sont parallèles, alors nous pouvons appliquer le théorème de Thalès et écrire $\frac{PC}{PM}=\frac{CT}{MW}$. Nous avons donc :

$$\frac{3{,}78}{4{,}2}=\frac{CT}{3{,}4}$$

$$4{,}2\times CT=3{,}78\times 3{,}4$$

$$CT=\frac{3{,}78\times 3{,}4}{4{,}2}$$

$$\boxed{CT=3{,}06\text{ m}}$$

La couture a une longueur de 3,06 m.

b) Le double de la longueur de la couture est de 6,12 m.

Conclusion : les 7 mètres de fil suffiront pour effectuer la couture.

▶ **2.** Calculons : $\frac{PT}{PW}=\frac{1{,}88}{2{,}3}$ et $\frac{PC}{PM}=\frac{3{,}78}{4{,}2}$.

La calculatrice indique que $\frac{1{,}88}{2{,}3}\neq\frac{3{,}78}{4{,}2}$ donc $\frac{PT}{PW}\neq\frac{PC}{PM}$.

> On peut aussi dire, d'après la contraposée du théorème de Thalès, que les droites (CT) et (MW) ne sont pas parallèles.

Les points P, T, W sont alignés dans le même ordre que les points P, C, M. Si les droites (CT) et (MW) étaient parallèles, le théorème de Thalès permettrait d'écrire $\frac{PT}{PW}=\frac{PC}{PM}$. Mais nous savons que $\frac{PT}{PW}\neq\frac{PC}{PM}$.

Les droites (CT) et (MW) ne sont pas parallèles.

Conclusion : la couture n'est pas parallèle à (MW).

GÉOMÉTRIE

SUJET

38

Pondichéry • Avril 2011

Exercice

Cercle et triangles

On considère la figure ci-dessous qui n'est pas en vraie grandeur. On ne demande pas de refaire la figure.

• ABD est un triangle isocèle en A tel que $\widehat{ABD} = 75°$;

• $\mathscr{C}$ est le cercle circonscrit au triangle ABD ;

• O est le centre du cercle $\mathscr{C}$;

• [BM] est un diamètre de $\mathscr{C}$.

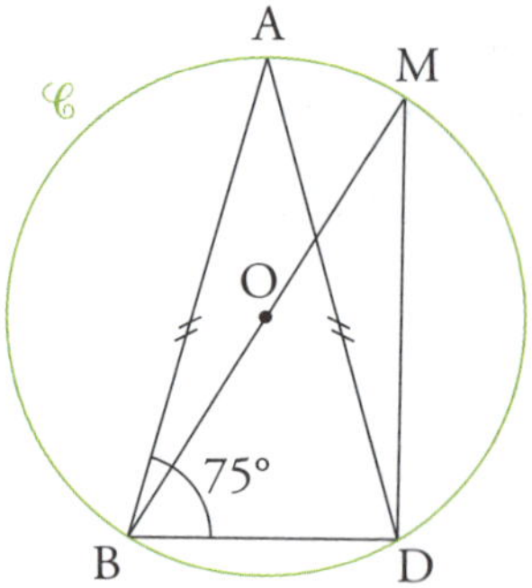

▶ **1.** Quelle est la nature du triangle BMD ?
Justifier la réponse.

▶ **2. a)** Calculer la mesure de l'angle $\widehat{BAD}$.

b) Citer un angle inscrit qui intercepte le même arc que l'angle $\widehat{BMD}$.

c) Justifier que l'angle $\widehat{BMD}$ mesure 30°.

▶ **3.** On donne : BD = 5,6 cm et BM = 11,2 cm.

Calculer DM. On arrondira le résultat au dixième près.

LES CLÉS DU SUJET

▶ **1.** Utiliser la propriété suivante : « Si un triangle est inscrit dans un cercle et possède pour côté un diamètre de ce cercle, alors ce triangle est rectangle. De plus, le diamètre est son hypoténuse. »

▶ **2. a)** Se souvenir que les angles à la base d'un triangle isocèle ont même mesure et que la somme des mesures des trois angles d'un triangle est égale à 180°.

c) Utiliser la propriété : « Si deux angles inscrits interceptent le même arc, alors ils ont même mesure. »

▶ **3.** Appliquer le théorème de Pythagore.

CORRIGÉ 38

▶ **1.** Le triangle BMD est inscrit dans le cercle de diamètre [BM]. Il est donc rectangle et admet [BM] pour hypoténuse.

Conclusion : le triangle BMD est rectangle en D.

▶ **2. a)** Le triangle ABD est isocèle en A. Donc les angles $\widehat{ABD}$ et $\widehat{ADB}$ ont la même mesure, c'est-à-dire 75°.
De plus, nous savons que la somme des mesures des trois angles d'un triangle est égale à 180°. Donc dans le triangle ABC :

$\widehat{ABD} + \widehat{ADB} + \widehat{BAD} = 180°$

$\widehat{BAD} = 180° - \widehat{ABD} - \widehat{ADB}$

$\widehat{BAD} = 180° - 75° - 75°$

$\boxed{\widehat{BAD} = 30°}$

b) Les angles $\widehat{BMD}$ et $\widehat{BAD}$ interceptent le même arc $\overset{\frown}{BD}$.

c) Puisque les angles $\widehat{BMD}$ et $\widehat{BAD}$ interceptent le même arc, ils ont même mesure et $\widehat{BMD} = 30°$.

▶ **3.** Le triangle BDM est rectangle en D. Nous pouvons lui appliquer le théorème de Pythagore et écrire :

$DM^2 + DB^2 = BM^2$

$DM^2 = BM^2 - DB^2$

$DM^2 = 11{,}2^2 - 5{,}6^2$

$DM^2 = 94{,}08$

$DM = \sqrt{94{,}08}$

$\boxed{DM = 9{,}7 \text{ cm}}$ est un résultat arrondi au dixième.

GÉOMÉTRIE

France métropolitaine • Juin 2010
Exercice • Socle commun

Carré et octogone

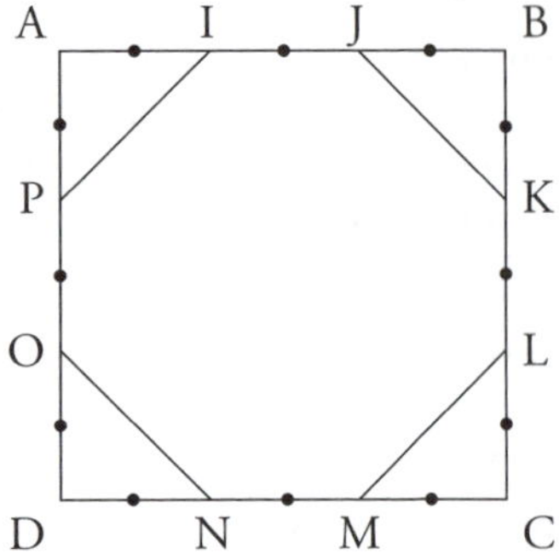

Dans la figure ci-contre :
- ABCD est un carré de côté 9 cm ;
- les segments de même longueur sont codés.

▶ **1.** Faire une figure en vraie grandeur.

▶ **2. a)** Calculer JK.
b) L'octogone IJKLMNOP est-il un octogone régulier ? Justifier la réponse.
c) Calculer l'aire de l'octogone IJKLMNOP.

▶ **3.** Les diagonales du carré ABCD se coupent en S.
a) Tracer sur la figure en vraie grandeur le cercle de centre S et de diamètre 9 cm.
b) Le disque de centre S et de diamètre 9 cm a-t-il une aire supérieure à l'aire de l'octogone ? Justifier la réponse.

LES CLÉS DU SUJET

▶ **1.** Utiliser une règle graduée.
▶ **2. a)** Utiliser le théorème de Pythagore.
b) Un octogone est régulier si tous ses côtés ont la même longueur et si ses angles ont la même mesure.
c) Calculer l'aire du carré ABCD et l'aire du triangle rectangle JBK. Conclure.
▶ **3. b)** Utiliser la formule donnant l'aire d'un disque (voir formulaire).

CORRIGÉ 39

▶ **1.** Voir figure.

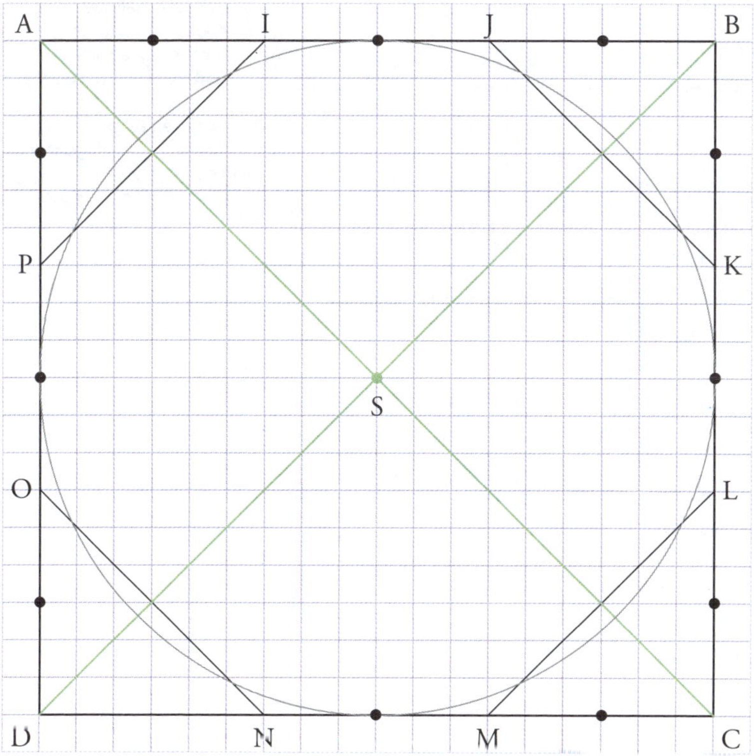

▶ **2. a)** Appliquons le théorème de Pythagore au triangle JBK rectangle en B.

$JK^2 = BJ^2 + BK^2$

Mais $BJ = \dfrac{AB}{3}$, soit $BJ = \dfrac{9}{3} = 3$ cm. De même $BK = \dfrac{BC}{3}$, soit $BK = \dfrac{9}{3} = 3$ cm.

Nous avons alors : $JK^2 = 3^2 + 3^2 = 18$ donc $JK = \sqrt{18} = \sqrt{3^2 \times 2}$

$\boxed{JK = 3\sqrt{2}\text{ cm}}$

GÉOMÉTRIE

b) Nous avons IJ =3 cm et JK = $3\sqrt{2}$ cm. Donc les côtés de l'octogone n'ont pas même longueur.
Conclusion : l'octogone IJKLMNOP n'est pas régulier.
c) Calculons l'aire $\mathcal{A}_1$ du carré ABCD.

$\mathcal{A}_1 = AB^2 = 9^2$

$\mathcal{A}_1 = 81 \text{ cm}^2$

Calculons l'aire $\mathcal{A}_2$ du triangle rectangle JBK.

$\mathcal{A}_2 = \dfrac{BJ \times BK}{2} = \dfrac{3 \times 3}{2}$

$\mathcal{A}_2 = 4{,}5 \text{ cm}^2$

> Pour qu'un octogone soit régulier, il faut que deux conditions, relatives aux côtés et aux angles, se réalisent. À partir du moment ou l'une des conditions n'est pas réalisée, on peut affirmer que l'octogone n'est pas régulier.

Nous pouvons aussi remarquer que les aires des triangles rectangles LCM, NDO et PAI mesurent aussi 4,5 cm².

Notons $\mathcal{A}$ l'aire de l'octogone IJKLMNOP.

$\mathcal{A} = \mathcal{A}_1 - 4\mathcal{A}_2$

$\mathcal{A} = 81 - 4 \times 4{,}5$

$\boxed{\mathcal{A} = 63 \text{ cm}^2}$

▶ **3. a)** Voir figure.
b) Notons $\mathcal{A}'$ l'aire du disque.

$\mathcal{A}' = \pi \times r^2$, où r désigne le rayon du disque.

Mais $r = \dfrac{9}{2} = 4{,}5$ cm

$\mathcal{A}' = \pi \times (4{,}5)^2$

$\mathcal{A}' = 63{,}61 \text{ cm}^2$, valeur approchée à 0,01 près.

Nous remarquons que $\mathcal{A}' > \mathcal{A}$.
Conclusion : le disque possède une aire supérieure à l'aire de l'octogone.

SUJET

40

D'après Pondichéry • Avril 2012

Exercice 5 • Socle commun

Carré ou simple losange ?

Voici la figure à main levée d'un quadrilatère.

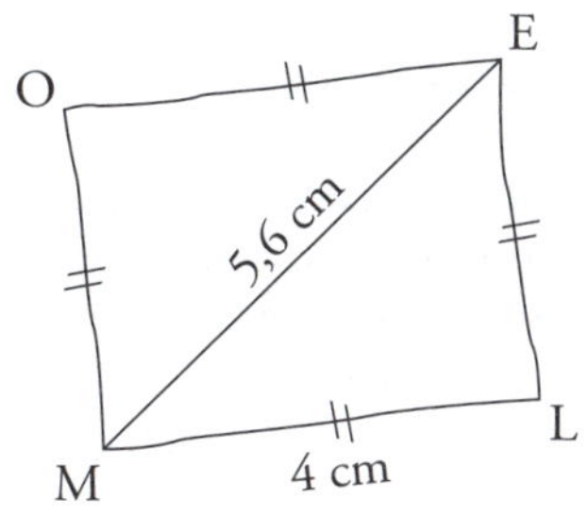

▶ **1.** Reproduire en vraie grandeur ce quadrilatère.

▶ **2.** Pourquoi peut-on affirmer que OELM est un losange ?

▶ **3.** Marie soutient que OELM est un carré, mais Charlotte est sûre que ce n'est pas vrai. Qui a raison ? Pourquoi ?

LES CLÉS DU SUJET

▶ **1.** Utiliser une règle graduée et un compas.

▶ **2.** Remarquer que les 4 côtés du quadrilatère ont la même mesure.

▶ **3.** Utiliser la contraposée du théorème de Pythagore pour démontrer, par exemple, que l'angle $\widehat{MLE}$ n'est pas droit.

CORRIGÉ 40

▶ **1.** Voir figure.

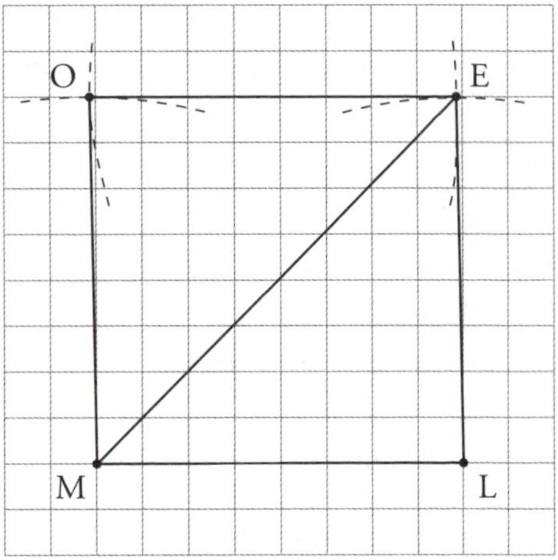

Tracer un segment [ML] de longueur 4 cm.

Tracer un arc de cercle de centre M et de rayon 5,6 cm puis un arc de cercle de centre L et de rayon 4 cm. L'une des intersections de ces deux arcs de cercle est le point E.

Tracer un arc de cercle de centre M et de rayon 4 cm puis un arc de cercle de centre E et de rayon 4 cm. L'une des intersections de ces deux arcs de cercle est le point O.

▶ **2.** Le codage, noté sur le schéma effectué à main levée, indique que les 4 côtés du quadrilatère OELM ont même mesure.

Conclusion : OELM est un losange.

▶ **3.** Dans le triangle MLE, le plus grand des côtés est [ME]. Donc si le triangle MLE est rectangle, l'angle droit est en L.

Un losange qui possède un angle droit est un carré.

Calculons :

$EM^2 = 5{,}6^2 = 31{,}36$

$LM^2 = LE^2 = 4^2 = 16.$

Nous remarquons que $31{,}36 \neq 16 + 16$. Donc $EM^2 \neq LM^2 + LE^2$.

Si le triangle MLE était rectangle en L, le théorème de Pythagore s'appliquerait et nous aurions $EM^2 = LM^2 + LE^2$.

Puisque $EM^2 \neq LM^2 + LE^2$, alors le triangle MLE n'est pas rectangle en L et l'angle $\widehat{MLE}$ n'est pas droit.

Conclusion : OELM n'est pas un carré. Charlotte a raison.

Nouvelle-Calédonie • Décembre 2012
Exercice

Un hexagone

La figure ci-dessous est un hexagone régulier ABCDEF inscrit dans un cercle $\mathscr{C}$.

Cette figure n'est pas en vraie grandeur.

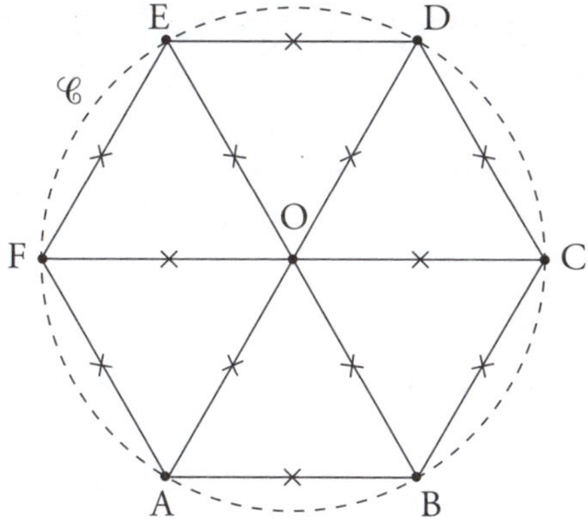

▶ **1.** Construire un hexagone régulier, inscrit dans un cercle de rayon 3 cm.

▶ **2.** Calculer la mesure de l'angle $\widehat{COE}$.

▶ **3.** Montrer que l'angle $\widehat{CAE}$ mesure 60°.

▶ **4.** Quelle est la nature du triangle CAE ? Justifier.

LES CLÉS DU SUJET

▶ **1.** Utiliser une règle graduée et un compas.

▶ **3.** et ▶ **4.** Appliquer le théorème suivant : « la mesure d'un angle inscrit dans un cercle est égale à la moitié de l'angle au centre qui intercepte le même arc ».

CORRIGÉ 41

▶ **1.** Les six triangles COD, DOE, EOF, FOA, AOB et BOC sont équilatéraux. Leurs côtés mesurent 3 cm et tous leurs angles mesurent 60°.

Traçons un cercle $\mathscr{C}$ de centre O et de rayon 3 cm.

Traçons un arc de cercle de centre A, un point quelconque du cercle, et de rayon 3 cm. Les intersections de cet arc de cercle et du cercle $\mathscr{C}$ sont les points B et F.

Traçons un arc de cercle de centre B et de rayon 3 cm. L'intersection de cet arc de cercle et du cercle $\mathscr{C}$, autre que le point A, est le point C.

On obtiendra de la même façon les points D, E et F.

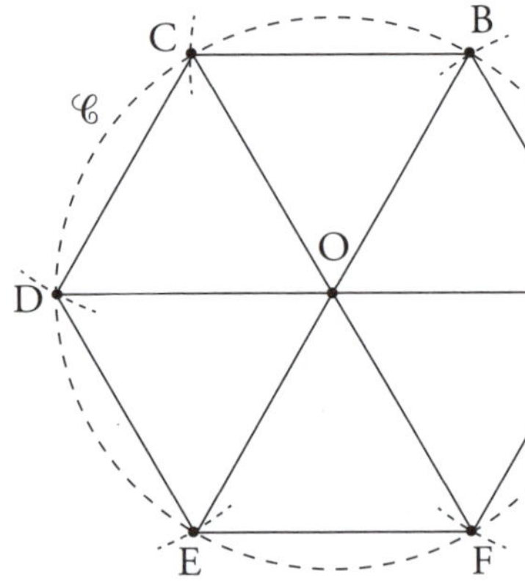

Échelle : 83/100

▶ **2.** Nous avons : $\widehat{COE} = \widehat{COD} + \widehat{DOE}$

$\widehat{COE} = 60° + 60°$

$\boxed{\widehat{COE} = 120°}$

▶ **3.** L'angle $\widehat{CAE}$ est inscrit dans le cercle $\mathscr{C}$ et il intercepte l'arc $\overset{\frown}{CE}$.

L'angle $\widehat{COE}$ est un angle au centre qui intercepte ce même arc $\overset{\frown}{CE}$.

Nous savons que la mesure d'un angle inscrit dans un cercle est égale à la moitié de l'angle au centre qui intercepte le même arc.

Donc $\widehat{CAE} = \frac{1}{2}\widehat{COE} = \frac{1}{2} \times 120°$

$\widehat{CAE} = 60°$.

▶ **4.** Il est aisé de démontrer de la même façon que $\widehat{AEC} = \widehat{ECA} = 60°$.

Conclusion : le triangle CAE est donc équilatéral.

SUJET

42

Asie • Juin 2013

Exercice 7 • 4 points • Socle commun

Moule à muffin

Dans cet exercice, si le travail n'est pas terminé, laisser tout de même trace de la recherche. Elle sera prise en compte dans l'évaluation.

Un moule à muffin (un muffin est une pâtisserie) est constitué de 9 cavités.
Toutes les cavités sont identiques.
Chaque cavité a la forme d'un tronc de cône (cône coupé par un plan parallèle à sa base) représenté ci-contre.
Les dimensions sont indiquées sur la figure.

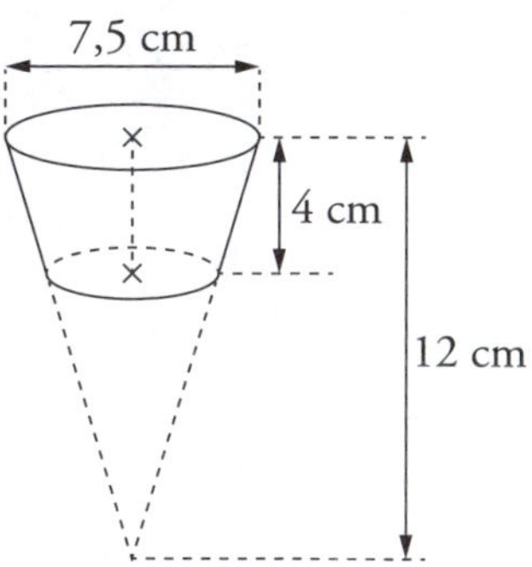

Rappels :

- Le volume d'un cône de rayon de base r et de hauteur h est $\frac{1}{3}\pi r^2 h$.
- $1\ \text{L} = 1\ \text{dm}^3$.

▶ **1.** Montrer que le volume d'une cavité est d'environ $125\ \text{cm}^3$.

▶ **2.** Léa a préparé 1 litre de pâte. Elle veut remplir chaque cavité du moule au $\frac{3}{4}$ de son volume.

A-t-elle suffisamment de pâte pour les 9 cavités du moule ? Justifier la réponse.

LES CLÉS DU SUJET

▶ **1.** Calculer les volumes des deux cônes en appliquant la formule rappelée dans l'énoncé. En déduire le volume d'une cavité.

GÉOMÉTRIE

CORRIGÉ 42

▶ **1.** Notons $\mathcal{V}$ le volume d'une cavité, c'est-à-dire le volume d'un tronc de cône.

Notons $\mathcal{V}_1$ et $\mathcal{V}_2$ les volumes respectifs du grand et du petit cône et utilisons la formule rappelée dans l'énoncé.

Le grand cône a pour hauteur 12 cm et le rayon de sa base mesure $\frac{7,5}{2}$ soit 3,75 cm.

$\mathcal{V}_1 = \frac{1}{3} \times \pi \times 3,75^2 \times 12$ soit $\mathcal{V}_1 = 56,25\pi$ cm³.

Le petit cône a pour hauteur 8 cm. C'est une réduction du grand cône dans le rapport $\frac{8}{12}$ ou encore $\frac{2}{3}$.

Alors $\mathcal{V}_2 = \left(\frac{2}{3}\right)^3 \times \mathcal{V}_1$ soit $\mathcal{V}_2 = \frac{8}{27} \times 56,25\pi$ ou encore

$\mathcal{V}_2 = \frac{50}{3} \times \pi$ cm³.

Nous avons $\mathcal{V} = \mathcal{V}_1 - \mathcal{V}_2$

$\mathcal{V} = 56,25\pi - \frac{50}{3} \times \pi$

$\mathcal{V} = 124,35$ cm³ valeur arrondie au centième.

Conclusion : le volume d'une cavité est bien égal à environ 125 cm³.

▶ **2.** Notons $\mathcal{V}'$ le volume de pâte nécessaire pour remplir chacun des 9 moules au $\frac{3}{4}$ de son volume.

$\mathcal{V}' = 9 \times \frac{3}{4} \times 125$ soit environ 844 cm³ c'est-à-dire 0,844 litre.

Conclusion : Léa a préparé suffisamment de pâte.

SUJET

43

France métropolitaine • Septembre 2013
Exercice 8 • 5 points

Bracelets en pâte à modeler

Flora fait des bracelets avec de la pâte à modeler. Ils sont tous constitués de 8 perles rondes et de 4 perles longues.
Cette pâte à modeler s'achète par blocs qui ont tous la forme d'un pavé droit dont les dimensions sont précisées ci-contre.

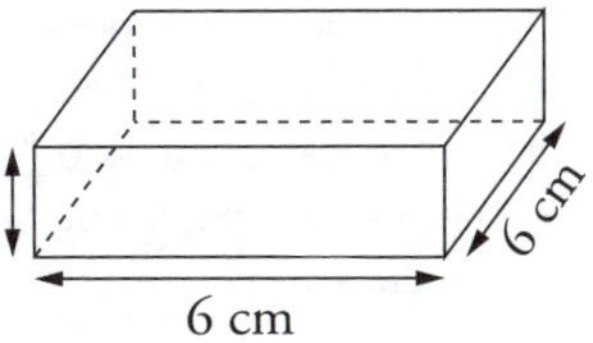

La pâte peut se pétrir à volonté et durcit ensuite à la cuisson.

Information sur les perles

Une perle ronde

Boule de diamètre 8 mm

Une perle longue

Cylindre de hauteur 16 mm et de diamètre 8 mm

Flora achète deux blocs de pâte à modeler : un bloc de pâte à modeler bleue pour les perles rondes et un bloc de pâte à modeler blanche pour faire les perles longues.
Combien de bracelets peut-elle ainsi espérer réaliser.

On rappelle les formules suivantes :

- Volume d'un cylindre : $V = \pi \times \text{rayon}^2 \times \text{hauteur}$.
- Volume d'une sphère : $V = \frac{4}{3} \times \pi \times \text{rayon}^3$.

LES CLÉS DU SUJET

Étapes d'une démarche possible.

- Calculer le volume d'un bloc de pâte à modeler, en utilisant la formule donnant le volume du pavé droit (voir formulaire).
- Calculer le volume d'une perle ronde.
- Calculer le volume d'une perle longue.
- Calculer le nombre de perles rondes que Flora peut fabriquer à l'aide d'un bloc de pâte à modeler bleue.
- Calculer le nombre de perles longues que Flora peut fabriquer à l'aide d'un bloc de pâte à modeler blanche.
- Chercher le nombre de bracelets que Flora pourra fabriquer.
- Conclure.

CORRIGÉ 43

• Notons V le volume d'un bloc de pâte à modeler, c'est-à-dire le volume d'un pavé droit.

Nous savons que $V = \text{longueur} \times \text{largeur} \times \text{hauteur}$.

$V = 6 \times 6 \times 2 = 72 \text{ cm}^3$ ou encore $V = 72\,000 \text{ mm}^3$.

• Une perle ronde possède un diamètre de 8 mm, donc un rayon de 4 mm.

Calculons le volume v_1 d'une perle ronde.

$v_1 = \frac{4}{3} \times \pi \times 4^3$ soit $v_1 = \frac{256}{3}\pi \text{ mm}^3$.

• Une perle longue possède une base circulaire de diamètre 8 mm, donc de rayon 4 mm, et une hauteur égale à 16 mm.

Calculons le volume v_2 d'une perle longue.

$v_2 = \pi \times 4^2 \times 16$ soit $v_2 = 256\pi \text{ mm}^3$.

• Calculons le nombre n_1 de perles rondes que Flora peut fabriquer avec un bloc de pâte à modeler bleue.

$n_1 = \dfrac{72\,000}{\frac{256}{3} \times \pi}$ soit $n_1 = 268{,}573...$ mais ce nombre doit être entier.

Flora peut au maximum fabriquer 268 perles rondes.

• Calculons le nombre n_2 de perles longues que Flora peut fabriquer avec un bloc de pâte à modeler blanche.

$$n_2 = \frac{72\ 000}{256\pi} \quad \text{soit} \quad n_2 = 89{,}524...$$

mais ce nombre doit être entier.

Flora peut au maximum fabriquer 89 perles longues.

• Chaque bracelet doit être constitué de 8 perles rondes et de 4 perles longues. On remarque que :

$89 = 4 \times 22 + 1$

$268 = 8 \times 33 + 4.$

Conclusion : Flora peut fabriquer 22 bracelets. Il lui restera 1 perle longue et 92 perles rondes.

Astuce
Un autre raisonnement serait de dire qu'avec 268 perles rondes on peut fabriquer au plus $\frac{268}{8}$ c'est-à-dire 33 bracelets.
Avec 89 perles rondes on peut fabriquer au plus $\frac{89}{4}$ c'est-à-dire 22 bracelets.
Conclusion : Flora peut espérer fabriquer 22 bracelets.

Polynésie française • Septembre 2013

Exercice 2 • 5 points • Socle commun

La pièce montée

Heiata et Hiro ont choisi comme gâteau de mariage une pièce montée composée de trois gâteaux cylindriques superposés, tous centrés sur l'axe (d) comme l'indique la figure ci-dessous :

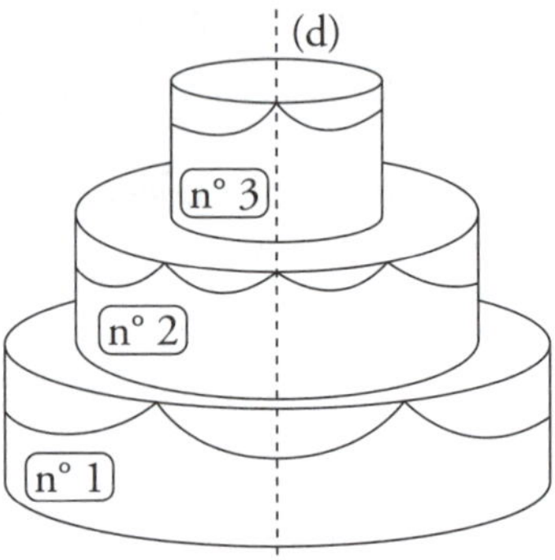

La figure n'est pas à l'échelle.

- Les trois gâteaux cylindriques sont de **même hauteur** : 10 cm.
- Le plus grand gâteau cylindrique, le n° 1, a pour rayon 30 cm.
- Le rayon du gâteau n° 2 est égal au $\frac{2}{3}$ de celui du gâteau n° 1.
- Le rayon du gâteau n° 3 est égal au $\frac{3}{4}$ de celui du gâteau n° 2.

▶ **1.** Montrer que le rayon du gâteau n° 2 est de 20 cm.

▶ **2.** Calculer le rayon du gâteau n° 3.

▶ **3.** Montrer que le volume total exact de la pièce montée est égal à 15 250 π cm^3.

Rappel : Le volume V d'un cylindre de rayon R et de hauteur h est donné par la formule : $V = \pi \times R^2 \times h$.

▶ **4.** Quelle fraction du volume total représente le volume du gâteau n° 2 ? Donner le résultat sous forme de fraction irréductible.

LES CLÉS DU SUJET

▶ **3.** Remarquer que le volume total du gâteau est égal à la somme des volumes des trois gâteaux. Pour calculer le volume de chaque gâteau, utiliser la formule rappelée dans l'énoncé.

▶ **4.** Diviser le volume **exact** du gâteau n° 2 par le volume total **exact** de la pièce montée.

CORRIGÉ 44

▶ **1.** Notons R_1, R_2, R_3 les rayons respectifs des gâteaux n° 1, n° 2, n° 3.

Nous savons que $R_2 = \frac{2}{3}R_1$, donc $R_2 = \frac{2}{3} \times 30$ ou encore $R_2 = 20$ cm.

▶ **2.** Nous savons aussi que $R_3 = \frac{3}{4}R_2$, donc $R_3 = \frac{3}{4} \times 20$ ou encore $R_3 = 15$ cm.

▶ **3.** Notons h la hauteur de chacun des gâteaux.

Notons V le volume total de la pièce montée. Ce volume est égal à la somme des volumes des 3 gâteaux. Utilisons la formule, rappelée dans l'énoncé, donnant le volume d'un cylindre.

$$V = \pi \times (R_1)^2 \times h + \pi \times (R_2)^2 \times h + \pi \times (R_3)^2 \times h$$

$$V = \pi \times (30)^2 \times 10 + \pi \times (20)^2 \times 10 + \pi \times (15)^2 \times 10$$

$$V = 15\ 250\pi \text{ cm}^3.$$

▶ **4.** Notons V_2 le volume du gâteau n° 2 et calculons $\frac{V_2}{V}$.

$$\frac{V_2}{V} = \frac{\pi \times (R_2)^2 \times h}{V} = \frac{\pi \times (20)^2 \times 10}{15\ 250\pi}$$

$$\frac{V_2}{V} = \frac{4\ 000\pi}{15\ 250\pi} = \frac{4\ 000}{15\ 250}.$$

GÉOMÉTRIE

Calculons le PGCD des deux nombres 4 000 et 15 250. Pour ce faire utilisons l'algorithme d'Euclide.

> **Rappel**
> Quand on divise le numérateur et le dénominateur d'une fraction par leur PGCD, on trouve une fraction simplifiée et irréductible.

$15\ 250 = 3 \times 4\ 000 + 3\ 250$

$4\ 000 = 1 \times 3\ 250 + 750$

$3\ 250 = 4 \times 750 + 250$

$750 = 3 \times 250 + 0.$

Le dernier reste non nul est 250. Donc 250 est le PGCD de 15 250 et de 4 000.

$\frac{V_2}{V} = \frac{16 \times 250}{61 \times 250} = \frac{16}{61}$ qui est une fraction irréductible.

Conclusion :

le volume du second gâteau représente les $\frac{16}{61}$ du volume total.

Nouvelle-Calédonie • Décembre 2010
Exercice

Sphère

On rappelle la formule du volume d'une boule qui est : $\frac{4 \times \pi \times R^3}{3}$.

▶ **1.** Calculer la valeur arrondie au cm^3 du volume d'une boule de rayon R = 7 cm.

▶ **2.** On réalise la section de la sphère de centre O et de rayon OA = 7 cm par un plan, représentée ci-dessous.
Quelle est la nature de cette section ?

▶ **3.** Calculer la valeur exacte du rayon HA de cette section sachant que OH = 4 cm.

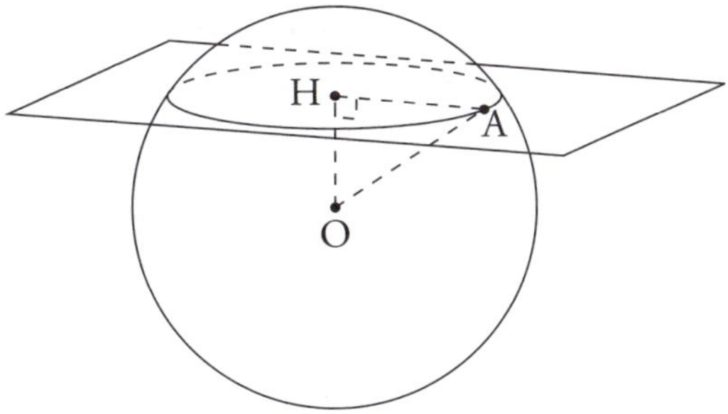

LES CLÉS DU SUJET

▶ **1.** Appliquer la formule rappelée en début d'énoncé.
▶ **2.** La réponse est indiquée sur le schéma.
▶ **3.** Appliquer le théorème de Pythagore.

CORRIGÉ 45

▶ **1.** Notons $\mathcal{V}$ le volume de la boule.

$\mathcal{V} = \dfrac{4 \times \pi \times R^3}{3}$

$\mathcal{V} = \dfrac{4 \times \pi \times 7^3}{3}$ soit $\boxed{\mathcal{V} = 1\,437 \text{ cm}^3}$ valeur arrondie au cm^3.

▶ **2.** La section de la sphère de centre O et de rayon OA = 7 cm par un plan est un cercle de centre H et de rayon HA.

▶ **3.** Le triangle OHA est rectangle en H. Appliquons le théorème de Pythagore.

$HA^2 + HO^2 = OA^2$

$HA^2 = OA^2 - HO^2$

$HA^2 = 7^2 - 4^2$

$HA^2 = 49 - 16 = 33$

$\boxed{HA = \sqrt{33} \text{ cm}}$ est la mesure exacte du rayon.

France métropolitaine • Septembre 2012
Exercice

Un tipi en forme de pyramide

On veut réaliser un tipi qui aura la forme d'une pyramide ayant pour base un rectangle ABCD de centre H et pour hauteur [SH] (voir le schéma ci-dessous). Le tipi aura les dimensions suivantes :
AD = 1,60 m, CD = 1,20 m et SH = 2,40 m.

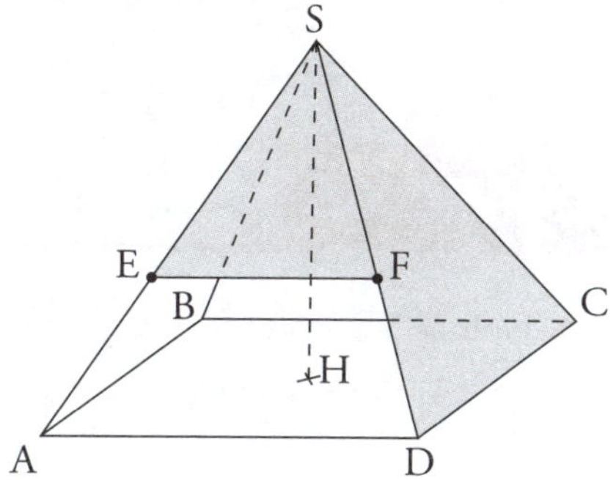

▶ **1.** Calculer le volume V de cette pyramide, en m³.
On rappelle que $V = \dfrac{\mathcal{B} \times h}{3}$ où h désigne la hauteur et $\mathcal{B}$ l'aire de la base.

▶ **2.** Calculer la longueur BD.

▶ **3.** L'armature du tipi, constituée du cadre rectangulaire ABCD et des quatre arêtes latérales issues de S, est faite de baguettes de bambou.
Dans cette question on n'attend pas de démonstration rédigée. Citer une propriété et présenter clairement un calcul suffit.

a) Montrer que SD = 2,60 m.
b) On ajoute à l'armature une baguette [EF] comme indiqué sur le dessin de sorte que (EF)//(AD) et SF = 1,95 m.
Calculer EF.

▶ **4.** On a trouvé dans un magasin des tiges de bambou de 3 m. Une tige peut être coupée pour obtenir deux baguettes, mais une baguette ne peut être fabriquée par collage de deux morceaux de bambou.
Combien faut-il acheter de tiges de bambou, au minimum, pour réaliser les neuf baguettes de l'armature du tipi ?

LES CLÉS DU SUJET

▶ **1.** Appliquer la formule donnant le volume d'une pyramide.

▶ **2.** Appliquer le théorème de Pythagore au triangle BAD rectangle en A.

▶ **3. a)** Appliquer le théorème de Pythagore au triangle SHD rectangle en H.

b) Appliquer le théorème de Thalès.

CORRIGÉ 46

▶ **1.** Notons V le volume de la pyramide.

$$V = \frac{1}{3} \times (AD \times CD) \times SH$$

$$V = \frac{1}{3} \times (1{,}6 \times 1{,}2) \times 2{,}4$$

$$\boxed{V = 1{,}536 \text{ m}^3}$$

▶ **2.** Puisque le quadrilatère ABCD est un rectangle, alors le triangle BAD est rectangle en A. Appliquons le théorème de Pythagore :

$$BD^2 = AB^2 + AD^2$$

$$BD^2 = (1{,}2)^2 + (1{,}6)^2 = 4$$

$$BD = \sqrt{4}$$

$$\boxed{BD = 2 \text{ m}}$$

▶ **3. a)** Le point H est le centre du rectangle ABCD. C'est donc le point de concours de ses diagonales. Dans un rectangle les diagonales se coupent en leur milieu. H est donc le milieu du segment [BD] et $HD = \frac{BD}{2} = 1$ m.

[SH] est la hauteur de la pyramide. Le triangle SHD est rectangle en H. Appliquons le théorème de Pythagore :

$$SD^2 = SH^2 + HD^2$$

$$SD^2 = (2{,}4)^2 + (1)^2 = 6{,}76$$

$$SD = \sqrt{6{,}76}$$

$$\boxed{SD = 2{,}6 \text{ m}}$$

b) Les points S, E, A sont alignés dans le même ordre que les points S, F, D. De plus les droites (EF) et (AD) sont parallèles. Nous pouvons appliquer le théorème de Thalès et écrire :

$$\frac{SF}{SD} = \frac{EF}{AD}$$

$$\frac{1{,}95}{2{,}6} = \frac{EF}{1{,}6}$$

$$2{,}6 \times EF = 1{,}6 \times 1{,}95$$

$$EF = \frac{1{,}6 \times 1{,}95}{2{,}6}$$

$$\boxed{EF = 1{,}2 \text{ m}}$$

▶ **4.** Pour les 4 arêtes latérales qui mesurent chacune 2,6 m, il faudra utiliser 4 tiges de bambou de 3 m de longueur chacune.

Pour la longueur [AD] et la largeur [AB] du rectangle qui mesurent en tout 2,8 m, une seule tige de bambou suffira.

Pour la longueur [BC] et la largeur [CD] du rectangle qui mesurent en tout 2,8 m, une seule tige de bambou suffira.

Attention ! Ne pas diviser par 3 la somme des longueurs des baguettes de l'armature du tipi ! Bien lire les contraintes exposées dans le texte de cette question.

Pour la longueur [EF] qui mesure 1,2 m, il faudra utiliser une tige de bambou.

Conclusion : il faudra au minimum 7 tiges de bambou pour réaliser les 9 baguettes de l'armature du tipi.

SUJET 47

Antilles, Guyane • Juin 2009
Exercice

QCM 5 questions

Cet exercice est un questionnaire à choix multiples (QCM). Aucune justification n'est demandée. Pour chacune des questions, quatre réponses (A, B, C et D) sont proposées et une seule est exacte.

Entourer la bonne réponse.

	Réponses proposées			
	A	**B**	**C**	**D**
▶ **1. a)** SABCD est une pyramide à base carrée ABCD et de sommet S. 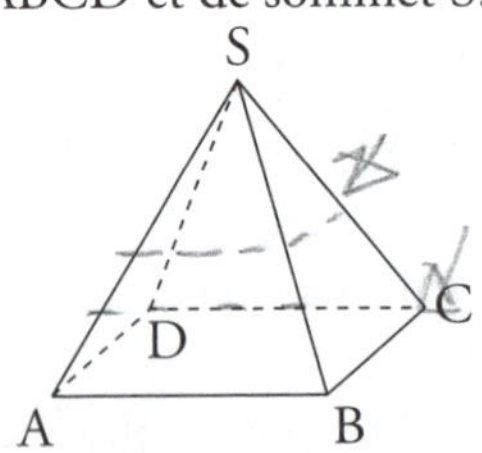 Le triangle ABC est :	ni rectangle, ni isocèle	rectangle et isocèle	rectangle, non isocèle	isocèle, non rectangle
b) On coupe cette pyramide par un plan parallèle à sa base. La section obtenue est un :	parallélogramme non rectangle	triangle isocèle	rectangle non carré	carré
▶ **2.** Un cylindre de révolution a pour rayon 3 cm et pour hauteur 10 cm. Le volume de ce cylindre, exprimé en cm^3, est :	10π	20π	30π	90π

	Réponses proposées			
	A	B	C	D
▶ **3.** Un rectangle A′B′C′D′ d'aire 24 cm^2 est l'agrandissement à l'échelle 1,25 d'un rectangle ABCD. L'aire du rectangle ABCD, exprimée en cm^2, est :	15,36	19,2	30	37,5
▶ **4.** 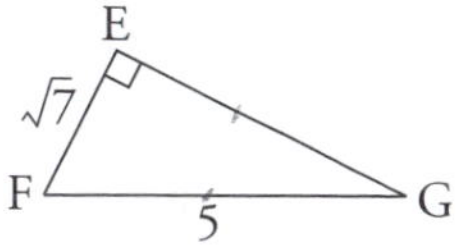 La valeur exacte de EG est :	$2\sqrt{3}$	$3\sqrt{2}$	$4\sqrt{2}$	18
▶ **5.** 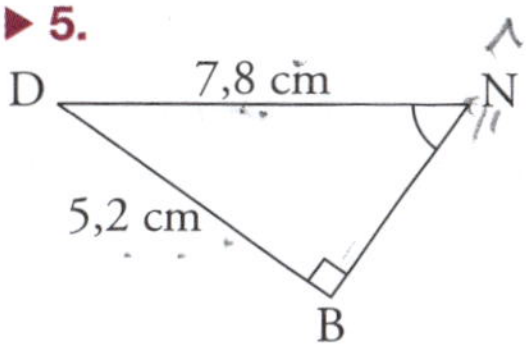 L'arrondi au degré de la mesure de l'angle $\widehat{DNB}$ est :	34°	41°	42°	48°

LES CLÉS DU SUJET

▶ **1. a)** Dans un carré, les côtés ont la même mesure.

b) La section d'une pyramide par un plan parallèle à la base est un polygone de même forme que la base.

▶ **2.** Utiliser la formule donnant le volume d'un cylindre de révolution (voir formulaire).

▶ **3.** Voir le paragraphe « Agrandissements et réductions » dans le formulaire.

▶ **4.** Utiliser le théorème de Pythagore.

▶ **5.** Utiliser une relation trigonométrique dans le triangle DBN rectangle en B.

CORRIGÉ 47

▶ **1. a)** Réponse **B.**

La base de la pyramide est le carré ABCD, donc l'angle $\widehat{ABC}$ est droit. Les côtés d'un carré ont même mesure, donc AB = BC. Alors le triangle ABC est rectangle et isocèle.

b) Réponse **D.**

Nous savons que la section d'une pyramide par un plan parallèle à la base est un polygone de même forme que la base. La section est donc un carré.

▶ **2.** Réponse **D.**

Nous savons que le volume $\mathcal{V}$ d'un cylindre de révolution est donné par la formule $\mathcal{V} = \pi \times r^2 \times h$, où r désigne le rayon de la base et h la hauteur.

$\mathcal{V} = \pi \times 3^2 \times 10$ ou encore $\mathcal{V} = 90\pi$ cm^3.

▶ **3.** Réponse **A.**

Notons $\mathcal{A}$ et $\mathcal{A}'$ les aires respectives des rectangles ABCD et A′B′C′D′. Nous savons que $\mathcal{A}' = k^2 \times \mathcal{A}$ où k est le coefficient d'agrandissement.

Donc $24 = 1{,}25^2 \times \mathcal{A}$, soit $\mathcal{A} = \dfrac{24}{1{,}25^2}$ ou encore $\mathcal{A} = 15{,}36$ cm^2.

▶ **4.** Réponse **B.**

Appliquons le théorème de Pythagore au triangle FEG rectangle en E. Nous avons :

$EG^2 + EF^2 = FG^2$

$EG^2 + \left(\sqrt{7}\right)^2 = 5^2$

$EG^2 = 25 - 7 = 18$

$EG = \sqrt{18} = \sqrt{3^2 \times 2}$

$EG = 3\sqrt{2}$.

▶ **5.** Réponse **C.**

Dans le triangle DBN rectangle en B, $\sin \widehat{DNB} = \dfrac{DB}{DN} = \dfrac{5{,}2}{7{,}8}$.

$\widehat{DNB} = 42°$ est l'arrondi au degré.

SUJET 48

Madagascar • Juin 2012
Exercice

QCM 4 questions

Cet exercice est un QCM (questionnaire à choix multiples). Aucune justification n'est demandée. Pour chacune des questions, trois réponses sont proposées, une seule est exacte. Une réponse correcte rapporte 1,5 point. Une réponse fausse ou l'absence de réponse ne retire aucun point.
Indiquer sur la copie le numéro de la question et recopier la réponse correcte.
L'échelle des figures n'est pas respectée.

▶ **1.**

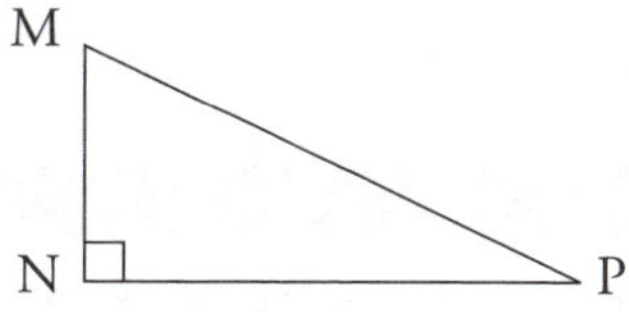

MN = 5 cm ; MP = 12 cm.

L'angle $\widehat{MPN}$ vaut environ :

❑ 22,6° ❑ 65,4° ❑ 24,6°

▶ **2.**

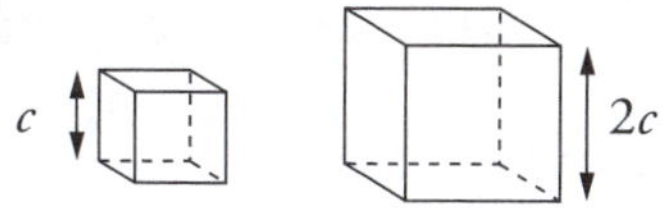

V étant le volume du petit cube et V′ étant le volume du grand cube, on a :

❑ V′ = 4 V ❑ V′ = 8 V ❑ V′ = 2 V

▶ **3.**

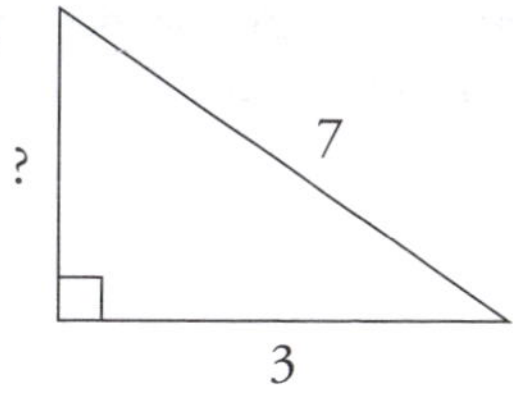

La mesure manquante est :

❑ $2\sqrt{10}$ ❑ $\sqrt{58}$ ❑ 4

GÉOMÉTRIE

▶ **4.**

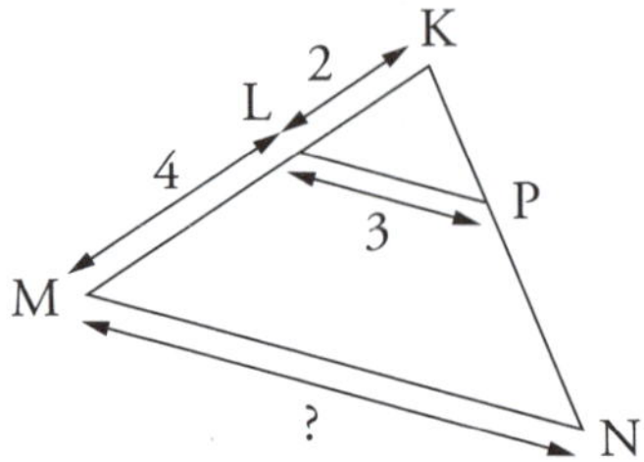

(MN) // (LP)

La mesure de [MN] est :

❑ égale à 6 cm ❑ égale à 9 cm ❑ environ 6 cm

LES CLÉS DU SUJET

▶ **1.** Utiliser une des relations trigonométriques dans le triangle rectangle.

▶ **2.** Voir le paragraphe « Agrandissements et réductions » dans le formulaire en fin d'ouvrage.

▶ **3.** Appliquer le théorème de Pythagore.

▶ **4.** Appliquer le théorème de Thalès.

CORRIGÉ 48

Remarque : l'énoncé stipule qu'aucune justification n'est demandée. Toutefois, afin de mieux vous aider à préparer le brevet, une démonstration rapide est donnée.

▶ **1.** Dans le triangle MNP rectangle en N, nous avons

$$\sin \widehat{MPN} = \frac{\text{côté opposé}}{\text{hypoténuse}}$$

$$\sin \widehat{MPN} = \frac{MN}{MP} = \frac{5}{12}.$$

La calculatrice donne $\widehat{MPN} = 24{,}6°$ au dixième près.

Conclusion : la bonne réponse est « environ 24,6° ».

▶ **2.** Lorsque les dimensions d'une figure F sont multipliées par un nombre k, on obtient une figure F′. Le volume de F′ se déduit du volume de F en multipliant ce dernier par k^3.

On passe du petit cube au grand cube en multipliant les dimensions par 2. Notons V et V′ les volumes respectifs du petit et du grand cube. Nous avons $V' = 2^3 \times V$ ou encore $\boxed{V' = 8V}$.

▶ **3.** Notons x la mesure manquante. Le triangle est rectangle, nous pouvons appliquer le théorème de Pythagore :

$$x^2 + 3^2 = 7^2$$

$$x^2 = 7^2 - 3^2 = 49 - 9$$

$$x^2 = 40$$

$$x = \sqrt{40} = \sqrt{2^2 \times 10}$$

$$x = 2\sqrt{10}.$$

Conclusion : la mesure manquante est $2\sqrt{10}$.

▶ **4.** Les points K, L, M sont alignés dans le même ordre que les points K, P, N. De plus les droites (MN) et (LP) sont parallèles.

Nous pouvons appliquer le théorème de Thalès et écrire : $\frac{KL}{KM} = \frac{LP}{MN}$.

Mais KM = KL + LM soit KM = 2 + 4 = 6 cm, alors nous avons :

$$\frac{2}{6} = \frac{3}{MN}$$

$$2 \times MN = 3 \times 6$$

$$MN = \frac{3 \times 6}{2} = 9.$$

Conclusion : [MN] mesure 9 cm.

Bien faire attention au vocabulaire précis utilisé dans les questions posées : « égale », « environ »

GÉOMÉTRIE

SUJET 49

Nouvelle-Calédonie • Décembre 2013

Exercice 6 • 3,5 points • Socle commun

Belles bulles

Un vendeur de bain moussant souhaite faire des coffrets pour les fêtes de fin d'année.

En plus du traditionnel « pavé moussant », il veut positionner par dessus une « pyramide moussante » qui ait le même volume que le pavé.

Les schémas suivants donnent les dimensions (h désigne la hauteur de la pyramide) :

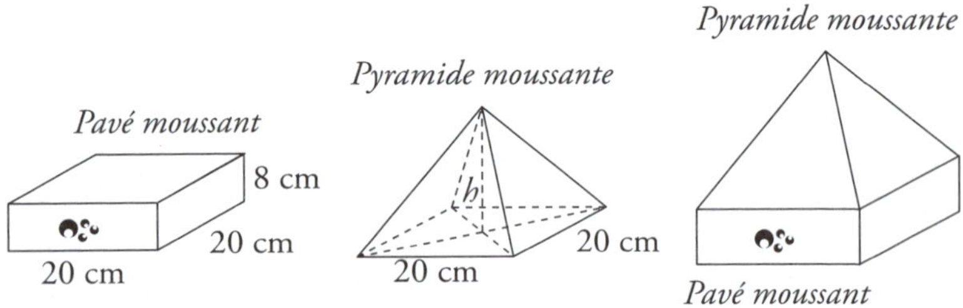

On rappelle les formules suivantes :

- $V_{\text{pavé}} = \text{longueur} \times \text{largeur} \times \text{hauteur}$;
- $V_{\text{pyramide}} = \dfrac{\text{aire de la base} \times \text{hauteur}}{3}$.

▶ **1.** Calculer le volume d'un « pavé moussant ».

▶ **2.** Montrer que le volume d'une « pyramide moussante » est égal à $\dfrac{400\,h}{3}$ cm^3.

▶ **3.** En déduire la hauteur qu'il faut à une pyramide pour qu'elle ait le même volume qu'un pavé.

LES CLÉS DU SUJET

▶ **1.** Appliquer les formules de calcul de volume rappelées dans l'énoncé.
▶ **3.** Résoudre une équation.

CORRIGÉ 49

▶ **1.** Calculons le volume $\mathcal{V}_1$ d'un pavé moussant.

$\mathcal{V}_1 = \text{longueur} \times \text{largeur} \times \text{hauteur}$

$\mathcal{V}_1 = 20 \times 20 \times 8$

$\mathcal{V}_1 = 3\ 200\ \text{cm}^3$.

▶ **2.** Calculons le volume $\mathcal{V}_2$ d'une pyramide moussante.

$$\mathcal{V}_2 = \frac{\text{aire de la base} \times \text{hauteur}}{3}$$

$$\mathcal{V}_2 = \frac{20 \times 20 \times h}{3}$$

$$\mathcal{V}_2 = \frac{400h}{3}\ \text{cm}^3.$$

▶ **3.** La pyramide et le pavé doivent avoir même volume.

Donc $\mathcal{V}_2 = \mathcal{V}_1$.

$$\frac{400h}{3} = 3\ 200$$

$h = \dfrac{3 \times 3\ 200}{400}$ ou encore $h = 24$ cm.

SUJET

50

Nouvelle-Calédonie • Mars 2011

Exercice • Socle commun

Coupes de glace

On mange tout simplement les glaces...

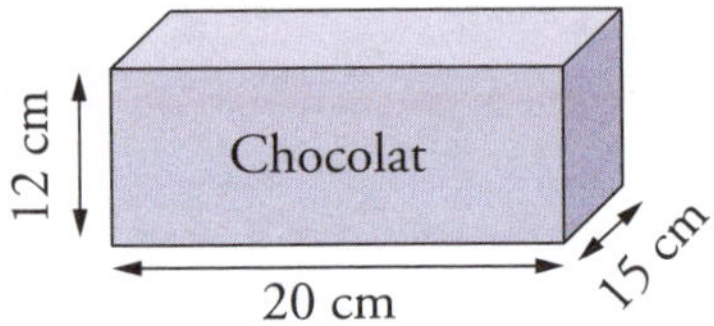

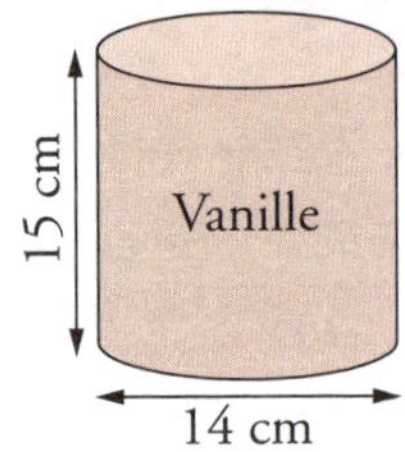

Un restaurant propose en dessert des coupes de glace composées de trois boules supposées parfaitement sphériques, de diamètre 4,2 cm. Le pot de glace au chocolat ayant la forme d'un parallélépipède rectangle, est plein, ainsi que le pot de glace cylindrique à la vanille. Le restaurateur veut constituer des coupes avec deux boules au chocolat et une boule à la vanille.

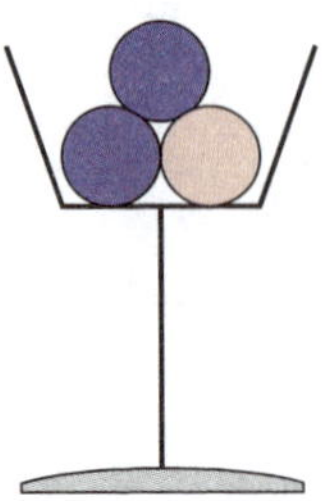

Rappels : $V_{\text{cylindre}} = \pi r^2 h$; $V_{\text{boule}} = \dfrac{4}{3}\pi r^3$.

▶ **1. a)** Montrer que le volume d'un pot de glace au chocolat est 3 600 cm^3.

b) Calculer la valeur arrondie au cm^3 du volume d'un pot de glace à la vanille.

▶ **2.** Calculer la valeur arrondie au cm^3 du volume d'une boule de glace contenue dans la coupe.

▶ **3.** *Dans cette question, toute trace de recherche sera prise en compte dans l'évaluation.*

Sachant que le restaurateur doit faire 100 coupes de glace, combien doit-il acheter de pots au chocolat et de pots à la vanille ?

LES CLÉS DU SUJET

Retrouvez les formules nécessaires en fin d'ouvrage.

▶ **1. a)** Utiliser la formule donnant le volume du parallélépipède rectangle.

b) Utiliser la formule donnant le volume du cylindre.

▶ **2.** Utiliser la formule donnant le volume d'une boule.

CORRIGÉ 50

▶ **1. a)** Notons $\mathcal{V}_1$ le volume d'un pot de glace au chocolat, c'est-à-dire le volume d'un parallélépipède rectangle.

$\mathcal{V}_1$ = longueur × largeur × hauteur

$\mathcal{V}_1 = 20 \times 15 \times 12$ soit $\boxed{\mathcal{V}_1 = 3\ 600\ \text{cm}^3}$

b) Notons $\mathcal{V}_2$ le volume d'un pot de glace à la vanille, c'est-à-dire le volume d'un cylindre.

$\mathcal{V}_2$ = aire de la base × hauteur

$\mathcal{V}_2 = (\pi \times 7^2) \times 15$ soit $\boxed{\mathcal{V}_2 = 2\ 309\ \text{cm}^3}$ valeur arrondie au cm^3.

▶ **2.** Notons $\mathcal{V}_3$ le volume d'une boule de glace contenue dans la coupe. La boule possède un diamètre de 4,2 cm. Son rayon mesure donc 2,1 cm.

$\mathcal{V}_3 = \frac{4}{3} \times \pi \times (\text{rayon})^3$

$\mathcal{V}_3 = \frac{4}{3} \times \pi \times (2{,}1)^3$ soit $\boxed{\mathcal{V}_3 = 39\ \text{cm}^3}$ valeur arrondie au cm^3.

▶ **3.** Pour réaliser 100 coupes de glace, il faut 200 boules de glace au chocolat et 100 boules de glace à la vanille.

Notons n_1 le nombre de pots nécessaires de glace au chocolat et n_2 le nombre de pots nécessaires de glace à la vanille.

> Attention ! Le nombre de pots de glace nécessaire est un nombre entier. Il convient donc d'arrondir les résultats à l'entier supérieur afin de s'assurer également d'avoir suffisamment de glace ! Il y aura des restes !

• $n_1 = \frac{200 \times 39}{3\ 600}$. La calculatrice indique $n_1 = 2{,}16\ldots$ Mais n_1 est un nombre entier, donc $n_1 = 3$.

• $n_2 = \frac{100 \times 39}{2\ 309}$. La calculatrice indique $n_1 = 1{,}68\ldots$ Mais n_2 est un nombre entier, donc $n_2 = 2$.

GRANDEURS, MESURES

SUJET

51

D'après France métropolitaine • Juin 2012

Exercice 6 • Socle commun

Grand et petit cônes

Toutes les réponses doivent être justifiées, sauf si une indication contraire est donnée.

On considère un cône de révolution de hauteur 5 cm et dont la base a pour rayon 2 cm. Le point A est le sommet du cône et O le centre de sa base. B est le milieu de [AO].

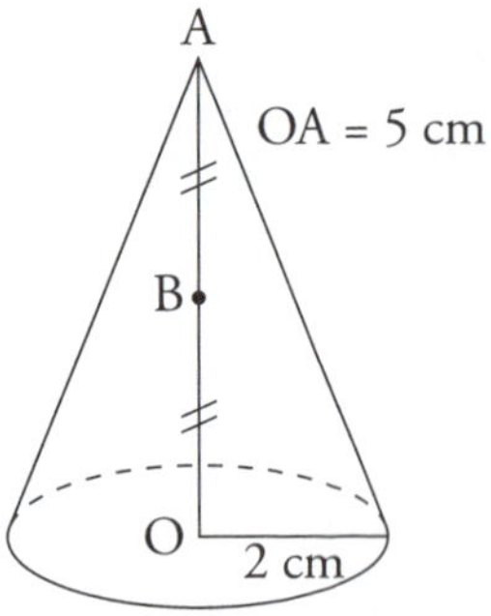

▶ **1.** Calculer le volume du cône en cm^3. On arrondira à l'unité.

On rappelle que la formule est : $V = \frac{\pi R^2 h}{3}$,

où h désigne la hauteur et R le rayon de la base.

▶ **2.** On effectue la section du cône par le plan parallèle à la base qui passe par B. On obtient ainsi un petit cône. Est-il vrai que le volume du petit cône obtenu est égal à la moitié du volume du cône initial ?

LES CLÉS DU SUJET

▶ **1.** Appliquer la formule donnant le volume d'un cône (elle est rappelée dans l'énoncé).

▶ **2.** Lorsque les dimensions d'une figure $\mathcal{F}$ sont multipliées par un même nombre k, on obtient une figure $\mathcal{F}'$. Le volume de $\mathcal{F}'$ se déduit du volume de $\mathcal{F}$ en multipliant ce dernier par k^3.

CORRIGÉ 51

▶ **1.** Notons $\mathcal{V}$ le volume du cône. Utilisons la formule, rappelée dans l'énoncé, donnant le volume d'un cône.

Nous avons $\mathcal{V} = \dfrac{\pi \times 2^2 \times 5}{3}$ soit $\boxed{\mathcal{V} = 21 \text{ cm}^3}$ valeur arrondie à l'unité.

▶ **2.** Puisque le point B est le milieu de $[\text{AO}]$, le petit cône est une réduction du cône initial dans le rapport $k = \dfrac{1}{2}$. En effet nous avons $\dfrac{\text{AB}}{\text{AO}} = \dfrac{1}{2}$.

Le volume $\mathcal{V}'$ du petit cône est tel que

$\mathcal{V}' = k^3 \times \mathcal{V}$. Mais $k^3 = \left(\dfrac{1}{2}\right)^3 = \dfrac{1}{8}$.

On ne demande pas de calculer le volume du petit cône. Les propriétés sur la réduction ou l'agrandissement permettent de conclure rapidement.

Conclusion : Le volume du petit cône est égal à $\dfrac{1}{8}$ du volume du cône initial et le résultat proposé dans l'énoncé de cette question est faux.

SUJET 52

D'après France métropolitaine • Juin 2012
Exercice 5

Aires des carrés et rectangles

Toutes les réponses doivent être justifiées, sauf si une indication contraire est donnée.

Le dessin ci-dessous représente une figure composée d'un carré ABCD et d'un rectangle DEFG.
E est un point du segment [AD].
C est un point du segment [DG].
Dans cette figue la longueur AB peut varier mais on a toujours :
AE = 15 cm et CG = 25 cm.

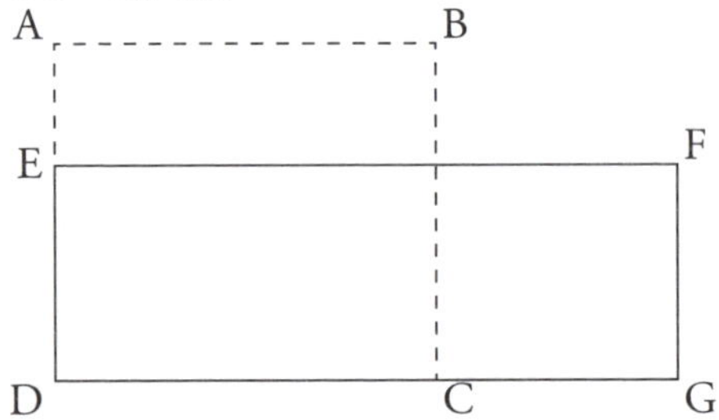

▶ **1.** Dans cette question on suppose que AB = 40 cm
a) Calculer l'aire du carré ABCD.
b) Calculer l'aire du rectangle DEFG.

▶ **2.** Peut-on trouver la longueur AB de sorte que l'aire du carré ABCD soit égale à l'aire du rectangle DEFG ?
Si oui, calculer AB. Si non, expliquer pourquoi.
Si le travail n'est pas terminé, laisser tout de même une trace de la recherche. Elle sera prise en compte dans la notation.

LES CLÉS DU SUJET

▶ **1.** Utiliser les formules donnant l'aire d'un carré et celle d'un rectangle (voir formulaire).

▶ **2.** Poser AB = x et calculer en fonction de x les aires du carré ABCD et du rectangle DEFG. Résoudre une équation.

CORRIGÉ 52

▶ **1. a)** Notons $\mathscr{A}$ l'aire du carré ABCD. Nous avons $\mathscr{A} = \text{AB}^2$.

$\mathscr{A} = 40^2$ ou encore $\boxed{\mathscr{A} = 1\ 600\ \text{cm}^2}$.

b) Notons $\mathscr{A}'$ l'aire du rectangle DEFG. Nous avons $\mathscr{A}' = \text{DG} \times \text{DE}$.

$\text{DG} = \text{DC} + \text{CG} = \text{AB} + \text{CG}$ soit $\text{DG} = 40 + 25 = 65$ cm

$\text{DE} = \text{DA} - \text{AE} = \text{AB} - \text{AE}$ soit $\text{DE} = 40 - 15 = 25$ cm

$\mathscr{A}' = 65 \times 25$ ou encore $\boxed{\mathscr{A}' = 1\ 625\ \text{cm}^2}$.

▶ **2.** Posons $\text{AB} = x$.

Notons $\mathscr{A}(x)$ l'aire du carré ABCD. Nous avons $\mathscr{A}(x) = x^2$.

Notons $\mathscr{A}'(x)$ l'aire du rectangle DEFG. Nous avons $\mathscr{A}'(x) = \text{DG} \times \text{DE}$.

$\text{DG} = x + 25$ et $\text{DE} = x - 15$.

$\mathscr{A}'(x) = (x + 25)(x - 15)$.

Nous voulons $\mathscr{A}(x) = \mathscr{A}'(x)$ soit $x^2 = (x + 25)(x - 15)$.

En développant, nous obtenons $x^2 = x^2 + 25x - 15x - 375$.

Après simplification, il reste $10x = 375$ soit $x = 37{,}5$.

Conclusion : Si AB = 37,5 cm, alors les aires du carré ABCD et du rectangle DEFG sont égales.

SUJET

53

Pondichéry • Avril 2013

Exercice 6 • 6 points • Socle commun

En direct de Mars

Lancé le 26 novembre 2011, le *rover* Curiosity de la NASA est chargé d'analyser la planète Mars, appelée aussi planète Rouge.
Il a atterri sur la planète Rouge le 6 août 2012, parcourant ainsi une distance d'environ 560 millions de km en 255 jours.

▶ **1.** Quelle a été la durée en heures du vol ?

▶ **2.** Calculer la vitesse moyenne du *rover* en km/h. Arrondir à la centaine près.

Pour cette question toute trace de recherche, même incomplète, sera prise en compte dans l'évaluation.

▶ **3.** *Via* le satellite Mars Odyssey, des images prises et envoyées par le *rover* ont été retransmises au centre de la NASA.
Les premières images ont été émises de Mars à 7 h 48 min le 6 août 2012.
La distance parcourue par le signal a été de 248×10^6 km à une vitesse moyenne de 300 000 km/s environ (vitesse de la lumière).
À quelle heure ces premières images sont-elles parvenues au centre de la NASA ? (On donnera l'arrondi à la minute près.)

LES CLÉS DU SUJET

▶ **2.** Pour calculer la vitesse moyenne v, utiliser la formule $v = \frac{d}{t}$, où d représente la distance parcourue et t le temps mis pour la parcourir.

CORRIGÉ 53

▶ **1.** Notons T la durée du vol en heures. Nous savons qu'une journée dure 24 heures, donc $T = 255 \times 24$ soit $\boxed{T = 6\ 120 \text{ heures}}$.

▶ **2.** Notons v la vitesse moyenne. Nous savons que $v = \frac{d}{t}$, où d représente la distance parcourue et t le temps mis pour la parcourir.

$v = \frac{560\ 000\ 000}{6120}$ soit $\boxed{v = 91\ 500 \text{ km/h}}$ valeur arrondie à la centaine près.

▶ **3.** Notons t le temps mis par les premières images pour aller de la planète Mars au centre de la NASA. Nous avons $t = \frac{d_1}{v_1}$ où d_1 représente la distance parcourue par le signal et v_1 la vitesse de la lumière.

$t = \frac{248 \times 10^6}{300\ 000} = 826{,}67$ s soit $t = \frac{826{,}67}{60}$ min

ou encore $\boxed{t = 14 \text{ min}}$ valeur arrondie à la minute près.

Conclusion : les premières images arriveront à 7 h 48 min + 14 min soit $\boxed{8 \text{ h } 02 \text{ min}}$.

Attention !
Il faut être attentif au choix des unités.
Si vous prenez, par exemple :
les distances en km ;
les vitesses en km/s ;
alors vous obtiendrez les temps en secondes.

SUJET 54

Polynésie française • Septembre 2013

Exercice 4 • 7 points • Socle commun

Parcours de cross

Voici le parcours du cross du collège La Bounty schématisé par la figure ci-dessous :

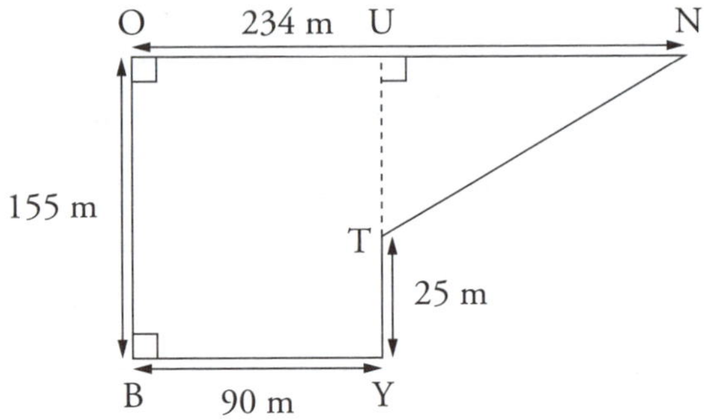

▶ **1.** Montrer que la longueur NT est égale à 194 m.

▶ **2.** Le départ et l'arrivée de chaque course du cross se trouvent au point B.
Calculer la longueur d'un tour de parcours.

▶ **3.** Les élèves de 3e doivent effectuer 4 tours de parcours. Calculer la longueur totale de leur course.

▶ **4.** Terii, le vainqueur de la course des garçons de 3e a effectué sa course en 10 minutes et 42 secondes.
Calculer sa vitesse moyenne et l'exprimer en m/s. Arrondir au centième près.

▶ **5.** Si Terii maintenait sa vitesse moyenne, penses-tu qu'il pourrait battre le champion Georges Richmond qui a gagné dernièrement la course sur 15 km des Foulées du front de mer en 55 minutes et 11 secondes ?

Pour cette question, toute trace de recherche, même incomplète, sera prise en compte dans l'évaluation.

LES CLÉS DU SUJET

▶ **1.** Utiliser le théorème de Pythagore.

▶ **4.** Utiliser la relation $d = v \times t$ où d représente la distance parcourue, v la vitesse moyenne réalisée sur ce parcours et t le temps mis pour parcourir la distance d.

▶ **5.** Calculer le temps que mettrait Terii pour parcourir 15 km. Comparer ce temps à celui mis par Georges Richmond. Conclure.

CORRIGÉ 54

▶ **1.** Nous avons :

$UT = UY - TY = 155 - 25$ soit $UT = 130$ m ;

$UN = ON - OU = 234 - 90$ soit $UN = 144$ m.

Appliquons le théorème de Pythagore au triangle NUT rectangle en U.

$NT^2 = UT^2 + UN^2$

$NT^2 = 130^2 + 144^2$

$NT^2 = 37\ 636$

$NT = \sqrt{37\ 636}$

$NT = 194$ m.

▶ **2.** Désignons par l la longueur d'un tour de parcours.

$l = BO + ON + NT + TY + YB$

$l = 155 + 234 + 194 + 25 + 90$

$l = 698$ m.

▶ **3.** Désignons par L la longueur de la course pour les élèves de 3e.

Nous avons : $L = 4 \times l = 4 \times 698$

$L = 2\ 792$ m.

▶ **4.** Nous savons que $d = v \times t$ où d représente la distance parcourue, v la vitesse moyenne réalisée sur ce parcours et t le temps mis pour parcourir la distance d.

GRANDEURS, MESURES

Nous avons alors :

$v = \dfrac{d}{t}$ avec $d = 2\ 792$ m et $t = 10 \times 60 + 42$ s ou encore $t = 642$ s.

$v = \dfrac{2\ 792}{642}$ soit $v = 4{,}35$ m/s valeur arrondie au centième.

▶ **5.** Calculons le temps t_1 que mettrait Terii pour parcourir 15 km (ou 15 000 m) à cette même vitesse moyenne de $\dfrac{2\ 792}{642}$ m/s.

$t_1 = \dfrac{15\ 000}{\dfrac{2\ 792}{642}} = 15\ 000 \times \dfrac{642}{2\ 792}$

$t_1 = 3\ 449$ s.

Notons t_2 le temps mis par Georges Richmond pour parcourir les 15 km des « Foulées du front de mer ».

$t_2 = 55 \times 60 + 11$ s soit $t_2 = 3\ 311$ s.

Nous remarquons que $t_1 > t_2$.

Conclusion : Terii ne pourrait pas battre le champion Georges Richmond.

Attention
Pour le choix des unités dans les questions 3 et 4, il convient d'exprimer :
– tous les temps avec la même unité (la seconde par exemple) ;
– toutes les distances avec la même unité (le mètre par exemple).

France métropolitaine • Septembre 2013
Exercice 7 • 4,5 points

Vrai ou faux ?

Indiquer si les affirmations suivantes sont vraies ou fausses.

Rappel : toutes les réponses doivent être justifiées.

Affirmation 1 : « La vitesse moyenne d'un coureur qui parcourt 18 km en une heure est strictement supérieure à celle d'une voiture télécommandée qui parcourt 5 m par seconde. »
Affirmation 2 : « Pour tout nombre x, on a l'égalité : $(3x-5)^2 = 9x^2 - 25$. »
Affirmation 3 : « Dans une série de données numériques, la médiane de la série est toujours strictement supérieure à la moyenne. »

LES CLÉS DU SUJET

▶ **Affirmation 1.** Utiliser la formule $v_{moy} = \frac{d}{t}$, où v_{moy} désigne la vitesse moyenne, d désigne la distance parcourue et t le temps mis pour la parcourir.

▶ **Affirmation 2.** et **Affirmation 3.** Vous pouvez vous appuyer sur un contre-exemple.

CORRIGÉ 55

▶ **1.** Nous avons la relation $v_{moy} = \frac{d}{t}$, où v_{moy} désigne la vitesse moyenne, d désigne la distance parcourue et t le temps mis pour la parcourir.

Attention
Bien choisir les unités utilisées. Exprimer, par exemple, les distances en mètres et les temps en secondes. Ainsi les vitesses seront exprimées en m/s.

Pour le coureur, nous avons :

$d = 18 \text{ km} = 18\ 000 \text{ m}$ et $t = 1 \text{ h} = 3\ 600 \text{ s}$.

$v_{\text{moy}} = \dfrac{d}{t} = \dfrac{18\ 000}{3\ 600}$ soit $v = 5 \text{ m/s}$.

La vitesse de la voiture télécommandée est elle aussi égale à 5 m/s.

Les deux vitesses sont donc égales.

Conclusion : l'affirmation 1 est fausse.

▶ **2.** Raisonnons en utilisant un contre exemple :

Lorsque $x = 0$, nous avons :

- $(3x-5)^2 = (0-5)^2 = 25$
- $9x^2 - 25 = 9(0)^2 - 25 = -25$.

L'affirmation 2 est fausse pour $x = 0$ (car $25 \neq -25$). Elle n'est donc pas exacte pour tout nombre x.

Attention
Autre méthode : il est possible d'appliquer l'identité remarquable $(a-b)^2 = a^2 - 2ab + b^2$.
Il vient :
$(3x-5)^2 = (3x)^2 - 2 \times 3x \times 5 + 5^2$
$(3x-5)^2 = 9x^2 - 30x + 25$.
Nous remarquons que
$9x^2 - 30x + 25 \neq 9x^2 - 25$.
L'affirmation 2 est donc **fausse**.

Conclusion : L'affirmation 2 est donc fausse.

▶ **3.** Raisonnons en utilisant un contre exemple :

Soit la série de données numériques :

1 ; 15 ; 110.

La médiane de cette série est M = 15, car avant et après 15 il existe le même nombre de valeur (c'est-à-dire une).

La moyenne de cette série est $m = \dfrac{1+15+110}{3} = 42$.

Nous remarquons que $M < m$.

Conclusion : l'affirmation 3 est fausse.

SUJET

56

Amérique du Sud • Novembre 2013

Exercice 4 • 3 points • Socle commun

Le fleuve Amazone

Dans cet exercice, si le travail n'est pas terminé, laisser tout de même une trace de la recherche, elle sera prise en compte dans l'évaluation.

Le fleuve Amazone est celui qui possède le débit moyen le plus important au monde. Il est d'environ 190 000 m^3/s.

En France, un foyer de 3 personnes consomme en moyenne 10 000 L d'eau par mois. Donner un ordre de grandeur du nombre de ces foyers que pourrait alimenter ce fleuve en un an.

Rappel : 1 L = 1 dm^3 et 1 m^3 = 1 000 L.

LES CLÉS DU SUJET

Faire attention aux unités ! Prendre, par exemple, tous les volumes en m^3.

CORRIGÉ 56

Notons $\mathcal{V}$ le volume d'eau fourni par le fleuve Amazone en 1 an.

$\mathcal{V} = 190\,000 \times 60 \times 60 \times 24 \times 365 \text{ m}^3$

$\mathcal{V} = 5{,}99184 \times 10^{12} \text{ m}^3$.

Notons v le volume d'eau consommé par un foyer de 3 personnes en 1 an.

$v = 10\,000 \times 12$ litres soit $v = 120 \text{ m}^3$.

Notons N le nombre de ces foyers que pourrait alimenter le fleuve Amazone en un an.

$$N = \frac{5{,}99184 \times 10^{12}}{120}$$

Conclusion : le fleuve Amazone pourrait alimenter environ 50 milliards de familles en un an.

Rappels
- Une minute correspond à une durée de 60 secondes.
- Une heure correspond à une durée de 60 minutes.
- Un jour correspond à une durée de 24 heures.
- Une année correspond à une durée de 365 jours.

Asie • Juin 2013
Exercice 1 • 3 points

Internet : lectures graphiques

Le débit d'une connexion Internet varie en fonction de la distance du modem par rapport au central téléphonique le plus proche.
On a représenté ci-dessous la fonction qui, à la distance du modem au central téléphonique (en kilomètres), associe son débit théorique (en mégabits par seconde).

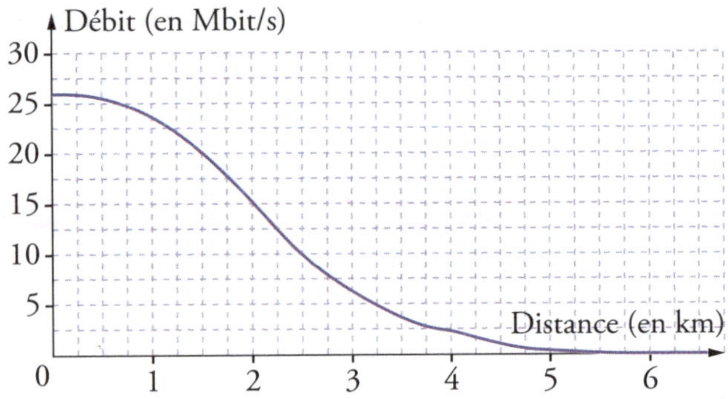

▶ **1.** Marie habite à 2,5 km d'un central téléphonique. Quel débit de connexion obtient-elle ?

▶ **2.** Paul obtient un débit de 20 Mbits/s. À quelle distance du central téléphonique habite-t-il ?

▶ **3.** Pour pouvoir recevoir la télévision par Internet, le débit doit être au moins de 15 Mbits/s.
À quelle distance maximum du central doit-on habiter pour pouvoir recevoir la télévision par Internet ?

LES CLÉS DU SUJET

▶ **1.** Lire l'ordonnée du point du graphique d'abscisse 2,5.

▶ **2.** Lire l'abscisse du point du graphique d'ordonnée 20.

▶ **3.** Lire les abscisses des points du graphique dont les ordonnées sont supérieures ou égales à 15.

CORRIGÉ 57

▶ **1.** Nous lisons que le point de la représentation graphique dont l'abscisse est égale à 2,5 a pour ordonnée 10.

Conclusion : Marie obtient un débit de 10 Mbit/s.

▶ **2.** Nous lisons que le point de la représentation graphique dont l'ordonnée est égale à 20 a pour abscisse 1,5.

Conclusion : Paul habite à 1,5 km du central téléphonique.

▶ **3.** Nous lisons que les points de la représentation graphique dont les ordonnées sont supérieures ou égales à 15, ont des abscisses inférieures ou égales à 2.

Conclusion : pour recevoir la télévision par internet, il faut habiter au maximum à 2 km du central.

Attention
Bien comprendre le sens du mot maximum. La distance maximum est la distance la plus grande.

SUJET 58

France métropolitaine • Septembre 2013
Exercice 1 • 3 points

Principe actif d'un médicament : lectures graphiques

Pour chaque question, si le travail n'est pas terminé, laisser tout de même une trace de la recherche ; elle sera prise en compte dans la notation.

Lorsqu'on absorbe un médicament, la quantité de principe actif de ce médicament dans le sang évolue en fonction du temps. Cette quantité se mesure en milligrammes par litre de sang.
Le graphique ci-dessous représente la quantité de principe actif d'un médicament dans le sang, en fonction du temps écoulé, depuis la prise de ce médicament.

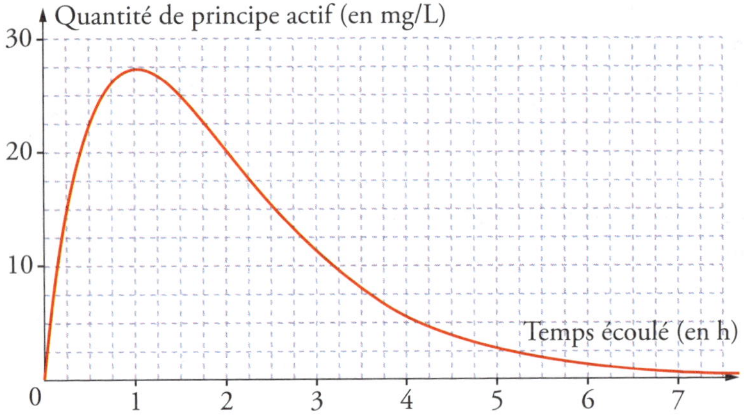

Répondre aux questions suivantes à partir de lectures graphiques.
Aucune justification n'est demandée dans cet exercice.

▶ **1.** Au bout de combien de temps la quantité de principe actif de médicament dans le sang est-elle maximale ?

▶ **2.** Quelle est la quantité de principe actif de médicament dans le sang au bout de 2 h 30 min ?

▶ **3.** Pour que le médicament soit efficace, la quantité de principe actif de médicament dans le sang doit être supérieure à 5 mg/L.
Pendant combien de temps le médicament est-il efficace ?

LES CLÉS DU SUJET

▶ **1.** Lire l'abscisse du point du graphique d'ordonnée maximale.
▶ **2.** Lire l'ordonnée du point du graphique d'abscisse 2,5.
▶ **3.** Lire les abscisses des points du graphique dont les ordonnées sont supérieures à 5.

CORRIGÉ 58

▶ **1.** Le sommet de la courbe a pour abscisse 1.

Conclusion : c'est au bout d'une heure que la quantité de principe actif de médicament dans le sang est maximale.

▶ **2.** Le point de la courbe d'abscisse 2,5 a pour ordonnée 15.

Conclusion : au bout de 2 h 30 min la quantité de principe actif de médicament dans le sang est de 15 mg/L (en valeur approchée).

Attention
2 h 30 min est égal à 2 h plus une demi-heure soit 2,5 h.

▶ **3.** Les points de la courbe dont les ordonnées sont supérieures à 5 ont des abscisses comprises entre 0,2 et 4,2 (en valeurs approchées).

Conclusion : le médicament est efficace entre 0,2 h et 4,2 h, c'est-à-dire durant environ 4 h.

SUJET 59

France métropolitaine • Juin 2013
Exercice 1 • 4 points

Lectures graphiques

Avec un logiciel :
- on a construit un carré ABCD, de côté 4 cm ;
- on a placé un point M mobile sur [AB] et construit le carré MNPQ comme visualisé sur la copie d'écran ci-dessous ;
- on a représenté l'aire du carré MNPQ en fonction de la longueur AM.

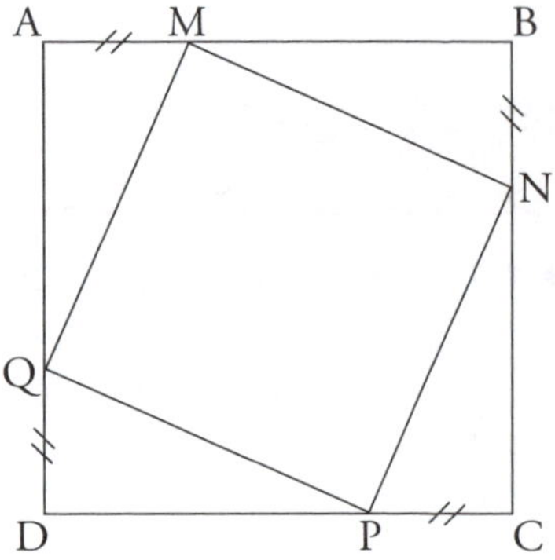

On a obtenu le graphique ci-dessous.

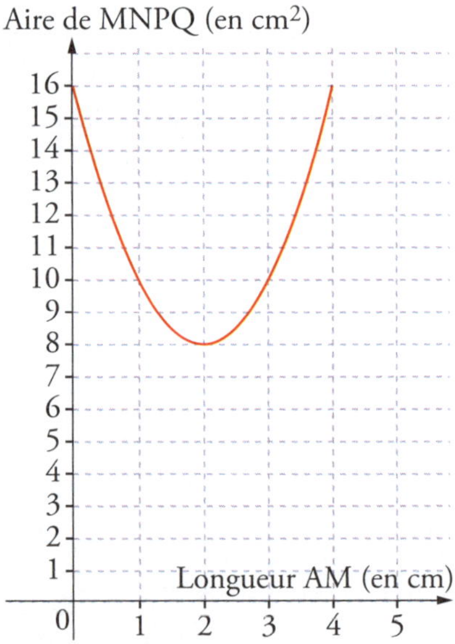

En utilisant ce graphique, répondre aux questions suivantes.

Aucune justification n'est attendue.

▶ **1.** Déterminer pour quelle(s) valeur(s) de AM, l'aire de MNPQ est égale à 10 cm^2.

▶ **2.** Déterminer l'aire de MNPQ lorsque AM est égale à 0,5 cm.

▶ **3.** Pour quelle valeur de AM l'aire de MNPQ est-elle minimale ? Quelle est alors cette aire ?

LES CLÉS DU SUJET

▶ **1.** Lire les abscisses des points du graphique dont l'ordonnée est égale à 10.
▶ **2.** Lire l'ordonnée du point du graphique dont l'abscisse est égale à 0,5.
▶ **3.** Lire les coordonnées du point du graphique dont l'ordonnée est minimale (c'est-à-dire la plus petite possible).

CORRIGÉ 59

▶ **1.** Il existe deux points du graphique dont l'ordonnée est égale à 10. Ces points ont pour abscisse 1 et 3.

Conclusion : lorsque AM = 1 cm ou lorsque AM = 3 cm, l'aire de MNPQ est égale à 10 cm^2.

▶ **2.** Le point du graphique dont l'abscisse est 0,5 a une ordonnée égale à 12,5.

Conclusion : lorsque AM = 0,5 cm, l'aire de MNPQ est égale à 12,5 cm^2.

▶ **3.** Le point du graphique dont l'ordonnée est minimale a pour coordonnées (2 ; 8).

Conclusion : lorsque AM = 2 cm, l'aire de MNPQ est minimale. Elle est égale à 8 cm^2.

SUJET 60

Nouvelle-Calédonie • Décembre 2013

Exercice 8 • 7 points

Jeux vidéo

Dans un jeu vidéo on a le choix entre trois personnages : un guerrier, un mage et un chasseur. La force d'un personnage se mesure en points.
Tous les personnages commencent au niveau 0 et le jeu s'arrête au niveau 25. Cependant ils n'évoluent pas de la même façon :

- Le guerrier commence avec 50 points et ne gagne pas d'autre point au cours du jeu.
- Le mage n'a aucun point au début mais gagne 3 points par niveau.
- Le chasseur commence à 40 points et gagne 1 point par niveau.

▶ **1.** Au début du jeu, quel est le personnage le plus fort ? Et quel est le moins fort ?

▶ **2.** Compléter le tableau ci-après.

Niveau	0	1	5	10	15	25
Points du guerrier	50	50				
Points du mage	0	3				
Points du chasseur	40	41				

▶ **3.** À quel niveau le chasseur aura-t-il autant de points que le guerrier ?

▶ **4.** Dans cette question, x désigne le niveau de jeu d'un personnage.
Associer chacune des expressions suivantes à l'un des trois personnages, chasseur, mage ou guerrier :

- $f(x) = 3\,x$
- $g(x) = 50$
- $h(x) = x + 40$

▶ **5.** Dans le repère ci-après, la fonction g est représentée. Tracer les 2 droites représentant les fonctions f et h.

▶ **6.** Déterminer à l'aide du graphique, le niveau à partir duquel le mage devient le plus fort.

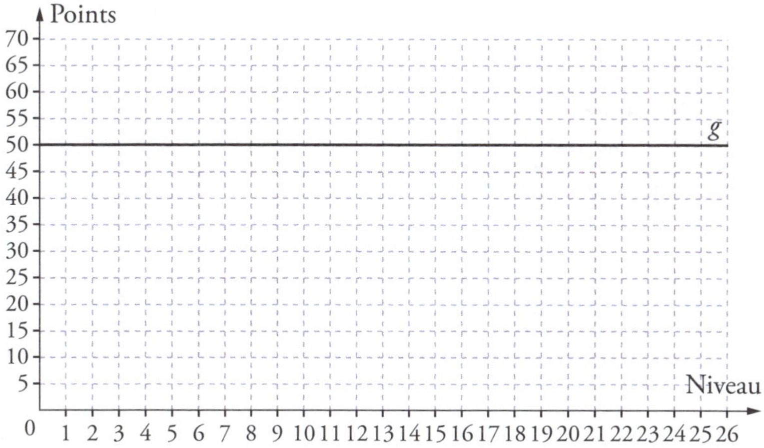

LES CLÉS DU SUJET

▶ **3.** La réponse à cette question figure dans le tableau complété à la question 2.

▶ **5.** La représentation graphique d'une fonction linéaire est une droite qui passe par l'origine du repère. Un autre point permet donc de la tracer.

La représentation graphique d'une fonction affine est une droite qui ne passe pas par l'origine du repère. Deux points permettent donc de la tracer.

▶ **6.** À l'aide des représentations graphiques obtenues à la question précédente, déterminer à partir de quelle valeur de x la représentation graphique de la fonction f est au-dessus des deux autres.

DONNÉES, FONCTIONS

CORRIGÉ 60

▶ **1.** Au début du jeu : le guerrier possède 50 points, le mage 0 point et le chasseur 40 points. Le personnage le plus fort est le guerrier alors que le personnage le moins fort est le mage.

▶ **2.** Tableau complété

Niveau	0	1	5	10	15	25
Points du guerrier	50	50	50	50	50	50
Points du mage	0	3	15	30	45	75
Points du chasseur	40	41	45	50	55	65

▶ **3.** Le tableau ci-dessus permet d'affirmer que le chasseur aura autant de points que le guerrier au **niveau 10**. Ils auront alors tous deux 50 points.

▶ **4.** L'expression $f(x) = 3x$ est associée au mage.

En effet ce dernier commence avec 0 point et gagne 3 points par niveau.

L'expression $g(x) = 50$ est associée au guerrier.

En effet ce dernier commence avec 50 points et ne gagne aucun point au cours du jeu.

L'expression $h(x) = x + 40$ est associée au chasseur. En effet ce dernier commence avec 40 points et gagne 1 point par niveau.

Indice
L'évolution des trois personnages décrite au début de l'énoncé permet d'associer une expression à chacun d'eux.

▶ **5.** La fonction f est linéaire. Sa représentation graphique est une droite passant par l'origine O du repère et par le point $A(10\ ;\ 30)$.

La fonction h est affine. Sa représentation graphique est une droite passant par les points $B(0\ ;\ 40)$ et $C(15\ ;\ 55)$. (Voir graphique ci-après.)

▶ **6.** Lorsque $x > 20$, la représentation graphique de la fonction f est au-dessus des représentations graphiques des fonctions g et h.

Conclusion : à partir du niveau 21, le mage devient le plus fort.

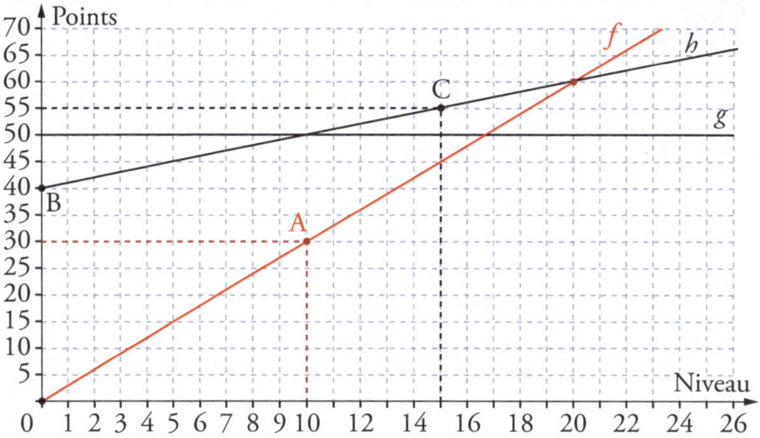
Points
70
65
60
55
50
45
40
35
30
25
20
15
10
5
C
B
A
f
h
g
Niveau
0
1 2 3 4 5 6 7 8 9 10 12 14 16 18 20 22 24 26

SUJET

61

France métropolitaine • Juin 2013

Exercice 2 • 4 points

Fonction et tableur

On a utilisé un tableur pour calculer les images de différentes valeurs de x par une fonction affine f et par une autre fonction g. Une copie de l'écran obtenu est donnée ci-dessous.

C2 fx =-5*C1+7

	A	B	C	D	E	F	G	H
1	x	-3	-2	-1	0	1	2	3
2	$f(x)$	22	17	12	7	2	-3	-8
3	$g(x)$	13	8	5	4	5	8	13
4								

▶ **1.** Quelle est l'image de – 3 par f?

▶ **2.** Calculer $f(7)$.

▶ **3.** Donner l'expression de $f(x)$.

▶ **4.** On sait que $g(x) = x^2 + 4$. Une formule a été saisie dans la cellule B3 et recopiée ensuite vers la droite pour compléter la plage de cellules C3:H3. Quelle est cette formule ?

LES CLÉS DU SUJET

▶ **1.** La réponse est en B2.

▶ **3.** Utiliser la formule « = – 5 * C1 + 7 ».

CORRIGÉ 61

▶ **1.** On lit en B2 sur l'écran que l'image de – 3 par f est 22.

▶ **2.** $f(7) = -5 \times 7 + 7$ soit $f(7) = -28$.

▶ **3.** La formule « = – 5 * C1 + 7 » nous permet d'affirmer que $f(x) = -5x + 7$.

▶ **4.** Dans la cellule B3, la formule saisie est : « = B1 * B1 + 4 ».

SUJET

62

Afrique • Juin 2013

Exercice 4 • 7 points

Les abonnés d'une revue

Le nombre d'abonnés à une revue dépend du prix de la revue.
Pour un prix x compris entre 0 et 20 €, le nombre d'abonnés est donné par la fonction A telle que : $A(x) = -50x + 1\,250$.
La recette, c'est-à-dire le montant perçu par l'éditeur de cette revue, est donnée par la fonction R telle que : $R(x) = -50\,x^2 + 1\,250\,x$.

Représentation graphique de la fonction A

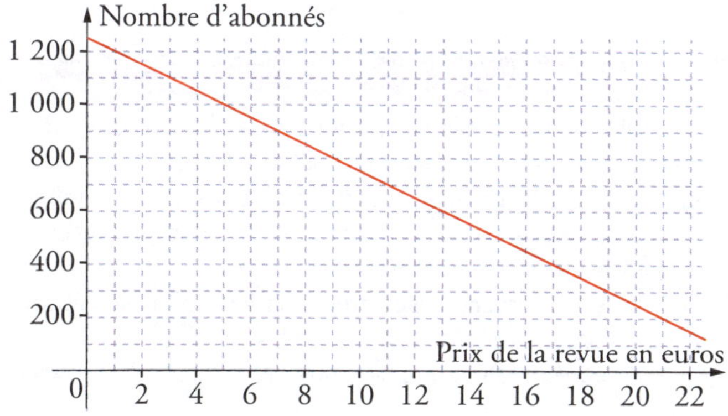

Représentation graphique de la fonction R

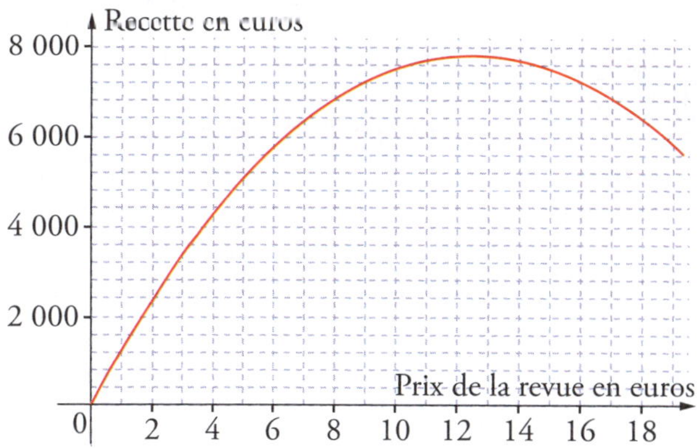

DONNÉES, FONCTIONS

▶ **1.** Le nombre d'abonnés est-il proportionnel au prix de la revue ? Justifier.

▶ **2.** Vérifier, par le calcul, que A(10) = 750 et interpréter concrètement ce résultat.

▶ **3.** La fonction R est-elle affine ? Justifier.

▶ **4.** Déterminer, graphiquement, pour quel prix la recette de l'éditeur est maximale.

▶ **5.** Déterminer graphiquement les antécédents de 6 800 par R.

▶ **6.** Lorsque la revue coûte 5 euros, déterminer le nombre d'abonnés et la recette.

LES CLÉS DU SUJET

▶ **1.** Se souvenir que la représentation graphique d'une situation de proportionnalité est une droite passant par l'origine du repère.
▶ **3.** La représentation graphique d'une fonction affine est une droite.
▶ **4.** Lire, sur la représentation graphique de la fonction R, l'abscisse du point dont l'ordonnée est maximale.
▶ **5.** Lire, sur la représentation graphique de la fonction R, les abscisses des points dont l'ordonnée est 6 800.
▶ **6.** Lire, sur la représentation graphique de la fonction A, l'ordonnée du point d'abscisse 5.

CORRIGÉ 62

▶ **1.** La représentation graphique d'une situation de proportionnalité est une droite passant par l'origine du repère. Ici la fonction A n'est pas représentée par une droite passant par l'origine du repère.

Conclusion : le nombre d'abonnés n'est pas proportionnel au prix de la revue.

▶ **2.** Calculons $A(10)$.

$A(10) = -\ 50 \times 10 + 1\ 250$ soit $A(10) = 750$.

Conclusion : lorsqu'une revue coûte 10 euros, il y a 750 abonnés.

▶ **3.** La représentation graphique d'une fonction affine est une droite. Ce n'est pas le cas de la représentation graphique de la fonction R.

Conclusion : la fonction R n'est pas affine.

▶ **4.** Sur la représentation graphique de la fonction R nous lisons que le point dont l'ordonnée est maximale a pour abscisse 12,5.

Conclusion : lorsqu'une revue coûte 12,5 euros la recette de l'éditeur est maximale.

▶ **5.** Sur la représentation graphique de la fonction R nous lisons que les points d'ordonnée 6 800 ont pour abscisses 8 et 17.

Conclusion : les antécédents de 6 800 par R sont 8 et 17.

▶ **6.** Sur la représentation graphique de la fonction A nous lisons que le point d'abscisse 5 a pour ordonnée 1 000.

Conclusion : lorsque la revue coûte 5 euros, il y a 1 000 abonnés. La recette est alors de 5 000 euros.

Conseil
On peut aussi répondre à cette question par le calcul. $A(5) = -50 \times 5 + 1\,250$ soit $A(5) = 1\,000$ .Lorsque la revue coûte 5 euros, il existe bien 1 000 abonnés.

SUJET 63

Polynésie française • Septembre 2013

Exercice 1 • 7 points

Coupe d'outre-mer de football en 2010

Le diagramme en bâtons ci-dessous nous renseigne sur le nombre de buts marqués lors de la seconde édition de la coupe de l'outre-mer de football en 2010.

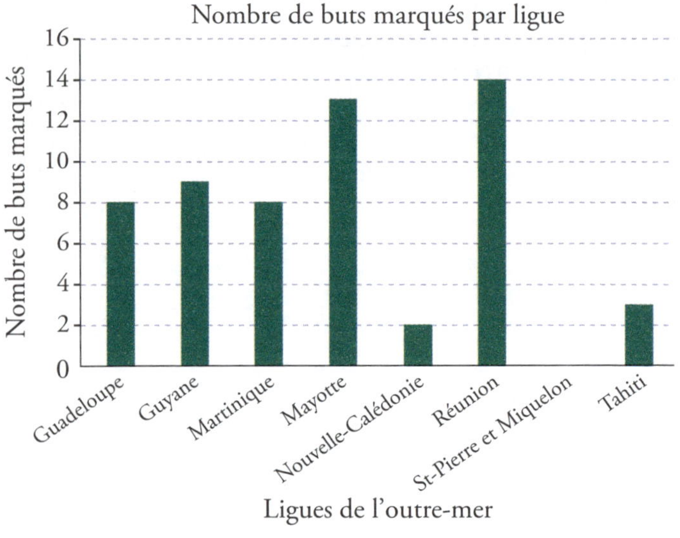

▶ **1.** Combien de buts a marqué l'équipe de Mayotte ?

▶ **2.** Quelle est l'équipe qui a marqué le plus de buts ?

▶ **3.** Quelle(s) équipe(s) ont marqué strictement moins de 8 buts ?

▶ **4.** Quelle(s) équipe(s) ont marqué au moins 10 buts ?

▶ **5.** Quel est le nombre total de buts marqués lors de cette coupe de l'outre-mer 2010 ?

▶ **6.** Calculer la moyenne de buts marqués lors de cette coupe de l'outre-mer 2010.

▶ **7.** Compléter les cellules B2 à B10 dans le tableau ci-dessous.

	A	B
1	Ligues de l'outre-mer	Nombre de buts marqués
2	Guadeloupe	
3	Guyane	
4	Martinique	
5	Mayotte	
6	Nouvelle-Calédonie	
7	Réunion	
8	Saint-Pierre et Miquelon	
9	Tahiti	
10	Total	
11	Moyenne	

▶ **8.** Parmi les propositions suivantes, entourer la formule que l'on doit écrire dans la cellule B10 du tableau pour retrouver le résultat du nombre total de buts marqués.

8 + 9 + 8 +13 + 2 + 14 + 0 + 3	= TOTAL(B2:B9)	= SOMME(B2:B9)

▶ **9.** Écrire dans la cellule B11 du tableau précédent une formule donnant la moyenne des buts marqués.

LES CLÉS DU SUJET

▶ **1.** à **4.** Il suffit de lire la hauteur des bâtons du diagramme pour répondre aux questions posées.

▶ **6.** Appliquer la définition de la moyenne d'une série statistique (voir le formulaire).

CORRIGÉ 63

▶ **1.** L'équipe de Mayotte a marqué 13 buts.

▶ **2.** C'est l'équipe de la Réunion, avec 14 buts, qui en a marqué le plus.

▶ **3.** Trois équipes ont marqué strictement moins de 8 buts. Ce sont celles de Nouvelle-Calédonie, de Tahiti et de Saint-Pierre-et-Miquelon. Elles ont marqué respectivement 2, 3 et 0 buts.

▶ **4.** Deux équipes ont marqué au moins 10 buts. Ce sont celles de Mayotte et de la Réunion. Elles ont marqué respectivement 13 et 14 buts.

▶ **5.** Notons N le nombre total de buts marqués lors de cette coupe de l'outre-mer 2010.

$N = 8 + 9 + 8 + 13 + 2 + 14 + 0 + 3$

$N = 57$.

▶ **6.** La moyenne m d'une série statistique est égale au quotient de la somme de toutes les valeurs par l'effectif total.

$m = \frac{57}{8}$ soit $m = 7{,}125$ en valeur exacte ou encore $m = 7$ valeur arrondie à l'unité.

▶ **7.** Tableau complété :

	A	B
1	Ligues de l'Outre-Mer	Nombre de buts marqués
2	Guadeloupe	8
3	Guyane	9
4	Martinique	8
5	Mayotte	13
6	Nouvelle-Calédonie	2
7	Réunion	14
8	Saint-Pierre-et-Miquelon	0
9	Tahiti	3
10	Total	57
11	Moyenne	7,125

▶ **8.** La formule demandée est :

=SOMME(B2:B9).

▶ **9.** Pour obtenir la moyenne de buts marqués, il faut écrire dans la cellule B11 : =MOYENNE(B2:B9).

SUJET 64

Nouvelle-Calédonie • Décembre 2013

Exercice 7 • 5,5 points

Concours australien

L'épreuve du concours australien de mathématiques est divisée en trois catégories :

- « junior » qui regroupe les classes de 5e et 4e ;
- « intermédiaire » pour les classes de 3e et 2de ;
- « senior » avec les classes de 1re et de terminale.

Cette année 25 établissements se sont inscrits. Plus de 3 000 élèves, répartis comme l'indique le tableau ci-après, ont participé à ce concours.

▶ **1.** Compléter le tableau. Les cases barrées ne sont pas à remplir.

▶ **2.** Quel est le niveau où il y a le plus d'inscrits ?

▶ **3.** Quelle est la catégorie ayant le moins d'inscrits ?

▶ **4.** En moyenne, combien d'élèves par établissement ont participé ? Arrondir à l'unité.

▶ **5.** Le tableau ci-dessous est une copie écran d'un tableur. Quelle formule faut-il écrire dans la case G5 pour obtenir l'effectif total ?

	A	B	C	D	E	F	G
1	Catégorie	Junior		Intermédiaire		Senior	
2	Effectif par catégorie		1 958		...		308
3	Niveau	5^e	4^e	3^e	2^{de}	1re	Term
4	Effectif par niveau	989	969	638	238	172	...
5	Effectif total						...

LES CLÉS DU SUJET

▶ **2.** et **3.** Les réponses attendues figurent dans le tableau rempli à la question précédente.

▶ **4.** Utiliser la définition de la moyenne (voir formulaire).

CORRIGÉ 64

▶ **1.** Tableau complété.

	A	B	C	D	E	F	G
1	Catégorie	Junior		Intermédiaire		Sénior	
2	Effectif par catégorie		1 958		876		308
3	Niveau	5^e	4^e	3^e	2^{de}	1re	Term
4	Effectif par niveau	989	969	638	238	172	136
5	Effectif total						3 142

▶ **2.** C'est au niveau 5e qu'il y a le plus d'inscrits : 989.

▶ **3.** La catégorie « Senior » est celle où il y a le moins d'inscrits : 308.

Attention
Ne pas confondre « catégories » et « niveau ».

▶ **4.** Nous avons vu que 3 142 élèves venant de 25 établissements ont participé au concours.

Appelons m la moyenne des participants par établissement.

$m = \dfrac{3\,142}{25}$ soit $m = 126$ valeur arrondie à l'unité.

▶ **5.** En G5, il faut écrire la formule : =SOMME(B4:G4).

SUJET 65

Asie • Juin 2013
Exercice 3 • 6 points

Jeu de fléchettes

Le jeu de fléchettes consiste à lancer 3 fléchettes sur une cible. La position des fléchettes sur la cible détermine le nombre de points obtenus.
La cible est installée de sorte que son centre se trouve à 1,73 m du sol. Les pieds du joueur ne doivent pas s'approcher à moins de 2,37 m lorsqu'il lance les fléchettes. Pour cela, un dispositif électronique est installé qui en mesurant l'angle calcule automatiquement la distance du joueur au mur. Il sonne si la distance n'est pas réglementaire.

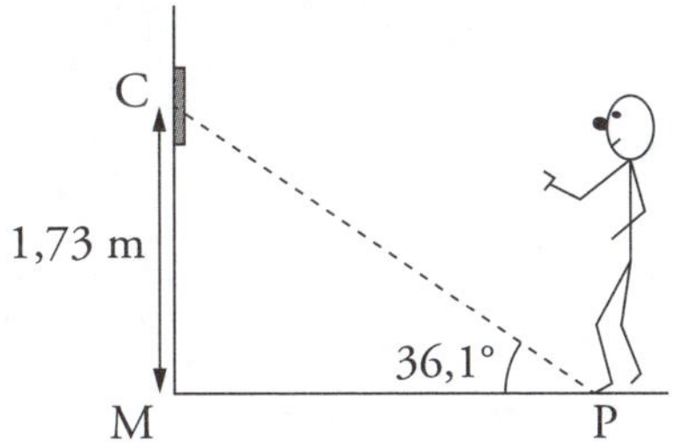

▶ **1.** Un joueur s'apprête à lancer une fléchette. La droite passant par le centre de la cible et son pied fait un angle de 36,1° avec le sol.
Le mur est perpendiculaire au sol.
Est-ce que la sonnerie va se déclencher ?
Justifier la réponse.

▶ **2.** On a relevé dans le tableau ci-dessous les points obtenus par Rémi et Nadia lors de sept parties de fléchettes. Le résultat de Nadia lors de la partie 6 a été égaré.

Partie	1	2	3	4	5	6	7	Moyenne	Médiane
Rémi	40	35	85	67	28	74	28		
Nadia	12	62	7	100	81		30	51	

a) Calculer le nombre moyen de points obtenus par Rémi.
b) Sachant que Nadia a obtenu en moyenne 51 points par partie, calculer le nombre de points qu'elle a obtenus à la 6e partie.
c) Déterminer la médiane de la série de points obtenus par Rémi, puis par Nadia.

DONNÉES, FONCTIONS

LES CLÉS DU SUJET

▶ **1.** Pour calculer la mesure de la distance PM, utiliser une relation trigonométrique dans le triangle CMP rectangle en M.

▶ **2. a)** et **b)** Appliquer la définition de la moyenne d'une série statistique (voir formulaire).

c) Appliquer la définition de la médiane d'une série statistique.

CORRIGÉ 65

▶ **1.** Calculons la distance PM.

Dans le triangle CMP rectangle en M,

nous avons $\tan\widehat{MPC} = \dfrac{CM}{PM}$

ou encore $PM = \dfrac{CM}{\tan\widehat{MPC}}$.

$PM = \dfrac{1{,}73}{\tan 36{,}1°}$ et $PM = 2{,}372$ m

valeur arrondie au millième.

Nous avons donc $PM > 2{,}37$ m .

> **Indice**
> Dans le triangle CMP rectangle en M, on connaît la mesure de l'angle $\widehat{MPC}$ et celle du côté opposé à cet angle.
> On cherche la mesure du côté adjacent à cet angle.
> D'où l'idée de calculer $\tan\widehat{MPC}$.

Conclusion : la sonnerie ne va pas se déclencher… mais il s'en faut de peu !

▶ **2. a)** La moyenne d'une série statistique est égale au quotient de la somme de toutes les valeurs de la série statistique par l'effectif total.

Notons m_R la moyenne des points obtenus par Rémi.

$$m_R = \frac{40+35+85+67+28+74+28}{7}$$

$m_R = \dfrac{357}{7}$ soit $m_R = 51$.

b) Notons m_N la moyenne des points obtenus par Nadia et x le nombre de points qu'elle a obtenu à la sixième partie.

$$m_N = \frac{12+62+7+100+81+x+30}{7} = 51$$

$$\frac{292+x}{7}=51$$

$x+292=7\times 51$

$x=65.$

Conclusion : Nadia a obtenu 65 points à la sixième partie.

c) La médiane d'une série statistique rangée par ordre croissant (ou décroissant) est la valeur qui partage la série en 2 parties de même effectif.

• Rangeons la série de points obtenus par Rémi par ordre croissant (par exemple).

28 – 28 – 35 – 40 – 67 – 74 – 85

Avant 40, il existe 3 termes et après 40 il existe également 3 termes.

$M_R = 40$ est la médiane de la série de points obtenus par Rémi.

• Rangeons la série de points obtenus par Nadia par ordre croissant (par exemple).

7 – 12 – 30 – 62 – 65 – 81 – 100

Avant 62, il existe 3 termes et après 62 il existe également 3 termes.

$M_N = 62$ est la médiane de la série de points obtenus par Nadia.

Amérique du Sud • Novembre 2013
Exercice 1 • 6 points

Salaires bruts, salaires nets

Voici trois documents :

DOCUMENTS

Document 1

Le salaire moyen brut[1] des Français s'établissait en 2010 à 2 764 € par mois.

Étude publiée par l'INSEE en juin 2012.

1. Le salaire moyen brut est le salaire non soumis aux charges.

Document 2

La population française est estimée en 2010 à 65 millions d'habitants.

Document 3

« Encore un peu moins d'argent dans le porte-monnaie des Français en 2010. Le salaire médian brut est celui qui partage la population en deux parties égales, la moitié qui gagne plus, l'autre moitié qui gagne moins ; il est égal à 1 610 € par mois.
Le niveau de vie des français a baissé par rapport à 2009.
D'ailleurs, le taux de pauvreté enregistré en cette année 2010 est le plus haut jamais observé depuis 1997. Il concerne 8,6 millions de Français qui vivent donc en dessous du seuil de pauvreté évalué à 964 € par mois. »

Extrait d'un reportage diffusé sur BFM TV en septembre 2012.

▶ **1.** En France, le salaire que touche effectivement un employé est égal au salaire brut, diminué de 22 % et est appelé le salaire net.
Montrer que le salaire net moyen que percevait un Français en 2010 était de 2 155,92 €.

▶ **2.** Expliquer à quoi correspond le salaire médian brut.

▶ **3.** Comparer le salaire médian brut et le salaire moyen brut des Français.
Comment peut-on expliquer cette différence ?

▶ **4.** Calculer le pourcentage de Français qui vivaient en 2010 sous le seuil de pauvreté. On arrondira le résultat à l'unité.

LES CLÉS DU SUJET

▶ **1.** Soit Q une quantité. Une diminution de n % de cette quantité correspond à une diminution de $\frac{n}{100} \times Q$.

▶ **2.** Voir le document 3.

▶ **3.** Utiliser les définitions de la moyenne et de la médiane d'une série statistique.

▶ **4.** Soit N l'effectif total de la population française en 2010 et n le nombre de Français qui vivaient en cette même année sous le seuil de pauvreté. Le pourcentage p cherché est donné par le tableau de proportionnalité :

n	p
N	100

CORRIGÉ 66

▶ **1.** Notons le salaire moyen brut S_B et le salaire moyen net S_N.

Nous avons $S_N = S_B - \frac{22}{100} \times S_B$

$S_N = 2\ 764 - \frac{22}{100} \times 2\ 764$

$S_N = 2\ 155{,}92$ euros.

▶ **2.** D'après le document 3, le salaire médian brut est celui qui partage la population française en deux parties de même effectif : la moitié de la population qui gagne plus que 1 610 euros, l'autre moitié qui gagne moins que 1 610 euros.

Attention
Il s'agit de salaires bruts, c'est-à-dire de salaires avant déduction des charges de 22 %.

DONNÉES, FONCTIONS

▶ **3.** Le salaire moyen brut est supérieur de 1 154 euros au salaire médian brut. Cette différence peut s'expliquer de la façon suivante : un certain nombre de personnes perçoit un salaire brut relativement élevé, ce qui agit sur la moyenne mais pas sur la médiane.

▶ **4.** Soit N l'effectif total de la population française en 2010. Nous avons $N = 65$ millions.

Soit n le nombre de français qui vivaient en cette même année sous le seuil de pauvreté. Nous avons $n = 8{,}6$ millions.

Le pourcentage p cherché est donné par le tableau de proportionnalité :

8,6	p
65	100

Soit $65 \times p = 8{,}6 \times 100$ ou encore $p = \dfrac{8{,}6 \times 100}{65}$.

$p = 13$ % valeur arrondie à l'unité.

Astuce
Considérons les deux petites séries statistiques suivantes :
(S_1) : 3 – 5 – 7 de moyenne $m_1 = 5$ et de médiane $M_1 = 5$.
(S_2) : 3 – 5 – 49 de moyenne $m_2 = 19$ et de médiane $M_2 = 5$.
Ces deux séries possèdent la même médiane, alors que les moyennes sont très différentes. Le nombre 49 joue beaucoup sur la moyenne de la deuxième série mais pas sur sa médiane.

SUJET

67

Polynésie française • Septembre 2013

Exercice 3 • 8 points • Socle commun

Marathon de Moorea

La 24e édition du marathon international de Moorea a eu lieu le 18 février 2012.

Des coureurs de différentes origines ont participé à ce marathon :

- 90 coureurs provenaient de Polynésie française dont 16 étaient des femmes ;
- 7 coureurs provenaient de France métropolitaine dont aucune femme ;
- 6 provenaient d'Autriche dont 3 femmes ;
- 2 provenaient du Japon dont aucune femme ;
- 11 provenaient d'Italie dont 3 femmes ;
- 2 provenaient des États-Unis dont aucune femme ;
- un coureur homme était allemand.

▶ **1.** Compléter le tableau ci-dessous à l'aide des données de l'énoncé.

				Japon			
Femme							

▶ **2.** Combien de coureurs ont participé à ce marathon ?

▶ **3.** Parmi les participants à ce marathon, quel pourcentage les femmes polynésiennes représentent-elles ? Arrondir au dixième près.

À la fin du marathon, on interroge un coureur au hasard.

▶ **4.** Quelle est la probabilité que ce coureur soit une femme autrichienne ?

▶ **5.** Quelle est la probabilité que ce coureur soit une femme ?

▶ **6.** Quelle est la probabilité que ce coureur soit un homme polynésien ?

▶ **7.** Quelle est la probabilité que ce coureur ne soit pas japonais ?

▶ **8.** Vaitea dit que la probabilité d'interroger un coureur homme polynésien est exactement trois fois plus grande que celle d'interroger un coureur homme non polynésien. A-t-il raison ? Expliquer pourquoi.

LES CLÉS DU SUJET

▶ **3.** Soit n le nombre de femmes polynésiennes participant au marathon et N le nombre total de coureurs. Le pourcentage q cherché est donné par le tableau de proportionnalité :

n	q
N	100

▶ **4 à 7.** Utiliser la formule $p(\text{E}) = \dfrac{\text{nombre de résultats favorables}}{\text{nombre de résultats possibles}}$ (voir formulaire).

▶ **8.** Calculer la probabilité d'interroger un coureur homme polynésien, puis la probabilité d'interroger un coureur homme non polynésien. Regarder si la première probabilité calculée est trois fois plus grande que la seconde.

CORRIGÉ 67

▶ **1.** Tableau complété

	Polynésie française	France métropolitaine	Autriche	**Japon**	Italie	États-Unis	Allemagne
Hommes	74	7	3	2	8	2	1
Femmes	16	0	3	0	3	0	0

▶ **2.** Notons N le nombre de coureurs qui ont participé au marathon.

$\text{N} = 90 + 7 + 6 + 2 + 11 + 2 + 1$

$\text{N} = 119.$

▶ **3.** Le pourcentage q cherché est donné par le tableau de proportionnalité :

16	q
119	100

$q = \dfrac{16}{119} \times 100$ soit $q = 13{,}4\ \%$ valeur arrondie au dixième.

▶ **4.** Notons E_1 l'événement « le coureur interrogé est une femme autrichienne » et $p(\text{E}_1)$ sa probabilité de réalisation. Chacune des femmes autrichiennes a la même probabilité d'être interrogée.

Nous savons que : $p(E_1) = \dfrac{\text{nombre de résultats favorables}}{\text{nombre de résultats possibles}}$.

Parmi les 119 coureurs, il existe 3 femmes autrichiennes.

$p(E_1) = \dfrac{3}{119}$.

▶ **5.** Notons E_2 l'événement « le coureur interrogé est une femme » et $p(E_2)$ sa probabilité de réalisation. Parmi les 119 coureurs, il existe 22 femmes.

$p(E_2) = \dfrac{22}{119}$.

▶ **6.** Notons E_3 l'événement « le coureur interrogé est un homme polynésien » et $p(E_3)$ sa probabilité de réalisation. Parmi les 119 coureurs, il existe 74 hommes polynésien.

$p(E_3) = \dfrac{74}{119}$.

▶ **7.** Notons E_4 l'événement « le coureur interrogé n'est pas japonais » et $p(E_4)$ sa probabilité de réalisation. Parmi les 119 coureurs, il existe 2 japonais donc 117 non japonais.

$p(E_4) = \dfrac{117}{119}$.

▶ **8.** Nous avons vu que la probabilité d'interroger un coureur homme polynésien est égale à $p(E_3) = \dfrac{74}{119}$.

Notons E_5 l'événement « le coureur interrogé est un homme non polynésien » et $p(E_5)$ sa probabilité de réalisation. Parmi les 119 coureurs, il existe 23 hommes non polynésiens.

$p(E_5) = \dfrac{23}{119}$.

Regardons si $p(E_3) = 3 \times p(E_5)$.

Nous remarquons que $\dfrac{74}{119} \neq 3 \times \dfrac{23}{119}$.

Conclusion : Vaitea n'a pas raison.

Amérique du Sud • Novembre 2013
Exercice 5 • 7 points

Tirages d'étiquettes

Un jeu (d'après « Géométrie à l'École » de François Boule, *Savoir dire et savoir-être*, IREM de Bourgogne) est constitué des dix étiquettes suivantes toutes identiques au toucher qui sont mélangées dans un sac totalement opaque.

Deux angles droits seulement	Quatre angles droits
Côtés égaux deux à deux	Deux côtés égaux seulement
Quatre côtés égaux	Côtés opposés parallèles
Deux côtés parallèles seulement	Diagonales égales
Diagonales qui se coupent en leur milieu	Diagonales perpendiculaires

▶ **1.** On choisit au hasard une étiquette parmi les dix.

a) Quelle est la probabilité de tirer l'étiquette « Diagonales égales » ?

b) Quelle est la probabilité de tirer une étiquette sur laquelle est inscrit le mot « diagonales » ?

c) Quelle est la probabilité de tirer une étiquette qui porte à la fois le mot « côtés » et le mot « diagonales » ?

▶ **2.** On choisit cette fois au hasard deux étiquettes parmi les dix et on doit essayer de dessiner un quadrilatère qui a ces deux propriétés.

a) Madjid tire les deux étiquettes suivantes :

Diagonales perpendiculaires	Diagonales égales

Julie affirme que la figure obtenue est toujours un carré. Madjid a des doutes. Qui a raison ? Justifier la réponse.

b) Julie tire les deux étiquettes suivantes :

Côtés opposés parallèles	Quatre côtés égaux

Quel type de figure Julie est-elle sûre d'obtenir ?

▶ **3.** Lionel tire les deux étiquettes suivantes :

Deux côtés égaux seulement	Quatre angles droits

Lionel est déçu. Expliquer pourquoi.

LES CLÉS DU SUJET

Dans tout cet exercice, appliquer la définition suivante : si E est un événement et si les résultats d'une expérience ont tous la même probabilité, alors :

$p(\mathrm{E}) = \frac{n}{\mathrm{N}} = \frac{\text{nombre de résultats favorables}}{\text{nombre de réultats possibles}}$.

CORRIGÉ 68

▶ **1. a)** Notons E_1 l'événement « tirer l'étiquette “Diagonales égales” ».

Il existe 10 choix possibles et 1 est favorable à l'obtention de l'événement E_1.

$p(E_1) = \frac{1}{10}$ soit $p(E_1) = 0{,}1$.

b) Notons E_2 l'événement « le mot “diagonales” existe sur l'étiquette tirée ».

Il existe 10 choix possibles et 3 sont favorables à l'obtention de l'événement E_2.

$p(E_2) = \frac{3}{10}$ soit $p(E_2) = 0{,}3$.

c) Notons E_3 l'événement « tirer une étiquette portant à la fois le mot “côtés” et le mot “diagonales” ».

DONNÉES, FONCTIONS

Il existe 10 choix possibles et aucun choix n'est favorable à l'obtention de l'événement E_3.

$$p(E_3) = \frac{0}{10} \quad \text{soit} \quad p(E_3) = 0.$$

L'événement E_3 est impossible.

▶ **2. a)** Un carré possède effectivement des diagonales perpendiculaires et de même longueur. Mais ses diagonales doivent se couper en leur milieu… et cela n'est pas indiqué sur les étiquettes tirées par Madjid.

Majid a raison.

b) Il existe deux quadrilatères dont les côtés opposés sont parallèles et dont les quatre côtés sont égaux. Il s'agit du losange et du carré.

Julie est sûre d'obtenir au moins un losange.

▶ **3.** Il n'existe aucun quadrilatère possédant **seulement** 2 côtés égaux et quatre angles droits.

Lionel est déçu, car il ne peut dessiner un quadrilatère possédant ces deux propriétés.

Rappel
Si un quadrilatère possède 4 angles droits, alors il s'agit d'un rectangle ou d'un carré. Mais un carré a 4 côtés égaux et un rectangle possède ses côtés égaux 2 à 2.

Nouvelle-Calédonie • Décembre 2013
Exercice 3 • 5 points • Socle commun

Pizzeria Finbon

Un restaurant propose cinq variétés de pizzas, voici sa carte :

CLASSIQUE : tomate, jambon, œuf, champignons.
MONTAGNARDE : crème, jambon, pomme de terre, champignons.
LAGON : crème, crevettes, fromages.
BROUSSARDE : crème, chorizo, champignons, salami.
PLAGE : tomate, poivrons, chorizo.

▶ **1.** Je commande une pizza au hasard, quelle est la probabilité qu'il y ait des champignons dedans ?

▶ **2.** J'ai commandé une pizza à la crème, quelle est la probabilité d'avoir du jambon ?

▶ **3.** Il est possible de commander une grande pizza composée à moitié d'une variété et à moitié d'une autre. Quelle est la probabilité d'avoir des champignons sur toute la pizza ? On pourra s'aider d'un arbre des possibles.

▶ **4.** On suppose que les pizzas sont de forme circulaire. La pizzeria propose deux tailles :
- moyenne : 30 cm de diamètre ;
- grande : 44 cm de diamètre.

Si je commande deux pizzas moyennes, aurai-je plus à manger que si j'en commande une grande ? Justifier la réponse.

LES CLÉS DU SUJET

▶ **1.** et **2.** Appliquer la définition suivante : si E est un événement et si les résultats d'une expérience ont tous la même probabilité, alors :

$$p(\text{E}) = \frac{n}{\text{N}} = \frac{\text{nombre de résultats favorables}}{\text{nombre de réultats possibles}}.$$

▶ **3.** Construire un arbre pondéré.

▶ **4.** Calculer l'aire d'une grande pizza et celle d'une pizza moyenne. Comparer les deux aires et conclure.

CORRIGÉ 69

▶ **1.** Notons E_1 l'événement « la pizza commandée au hasard contient des champignons ».

Il existe 5 résultats possibles et 3 sont favorables à l'obtention de l'événement E_1.

$$p(E_1) = \frac{3}{5}.$$

▶ **2.** Notons E_2 l'événement « la pizza à la crème commandée contient du jambon ».

Il existe 3 résultats possibles (puisque le restaurant propose 3 pizzas à la crème) et 1 seul est favorable à l'obtention de l'événement E_2.

$$p(E_2) = \frac{1}{3}.$$

▶ **3.** Notons A l'événement « avoir des champignons sur la demi-pizza » et dessinons un arbre des possibles.

Nous souhaitons avoir des champignons sur toute la pizza, c'est-à-dire sur chacune des deux moitiés. La probabilité correspondante est

$$p(\text{A, A}) = \frac{3}{5} \times \frac{2}{4}.$$

Soit $p(\text{A, A}) = \dfrac{3}{10}.$

En effet il existe 3 variétés de pizza sur 5 qui contiennent des champignons puis 2 variétés de pizza sur 4 restantes qui contiennent aussi des champignons.

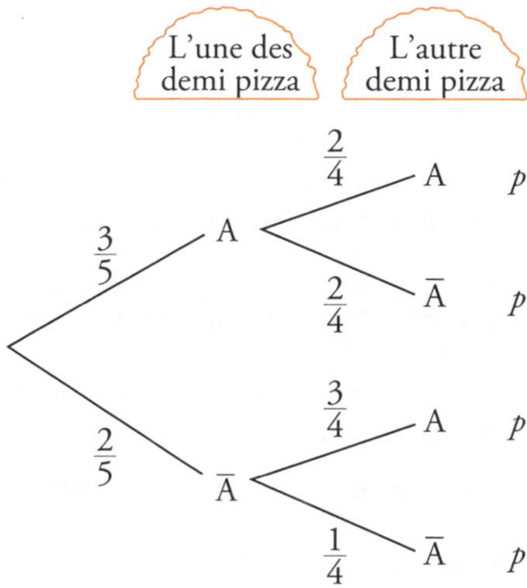

$$p(A,A) = \frac{3}{5} \times \frac{2}{4} = \frac{3}{10}$$

$$p(A,\overline{A}) = \frac{3}{5} \times \frac{2}{4} = \frac{3}{10}$$

$$p(\overline{A},A) = \frac{2}{5} \times \frac{3}{4} = \frac{3}{10}$$

$$p(\overline{A},\overline{A}) = \frac{2}{5} \times \frac{1}{4} = \frac{1}{10}$$

▶ **4.** Notons $\mathcal{A}_1$ et $\mathcal{A}_2$ les aires respectives d'une grande et d'une moyenne pizza. Nous savons que l'aire d'un disque de rayon R est égale à $\pi \times R^2$.

$\mathcal{A}_1 = \pi \times 22^2$ soit $\mathcal{A}_1 = 484\pi$ cm^2

$\mathcal{A}_2 = \pi \times 15^2$ soit $\mathcal{A}_2 = 225\pi$ cm^2.

Nous remarquons que $\mathcal{A}_1 > 2\mathcal{A}_2$. Donc si on commande une grande pizza, on a plus à manger que si on commande deux pizzas moyennes !

Attention
On a supposé dans la résolution de cette question que l'épaisseur des deux pizzas était la même !

SUJET
70

Amérique du Sud • Septembre 2012
Exercice • Socle commun

Une fête foraine

Pour gagner le gros lot dans une fête foraine, il faut d'abord tirer une boule rouge dans une urne, puis obtenir un multiple de trois en tournant une roue.

▶ **1.** L'urne contient 6 boules vertes, 5 boules blanches et des boules rouges.
Le responsable annonce « 50 % de chances de tirer une boule rouge ».
Combien y a-t-il de boules rouges dans l'urne ?

▶ **2.** On fait maintenant tourner la roue séparée en 8 secteurs numérotés de 1 à 8 comme ci-dessous.
Quelle est la probabilité d'obtenir un multiple de 3 ?

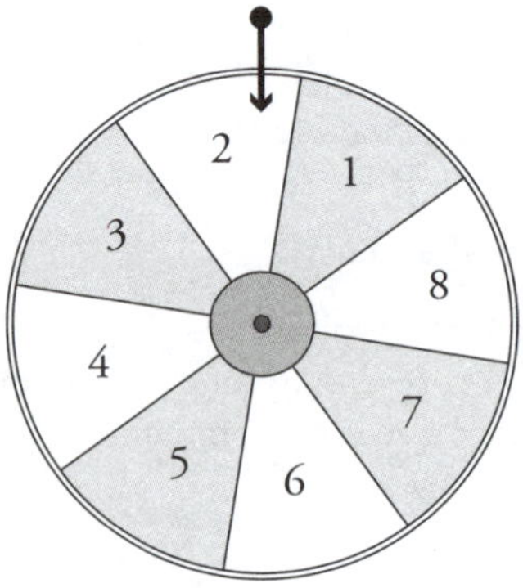

▶ **3.** Pierre décide de participer au jeu.
Quelle est la probabilité qu'il gagne le gros lot ?

LES CLÉS DU SUJET

▶ **1.** Noter x le nombre de boules rouges et exprimer en fonction de x la probabilité de tirer une boule rouge. Utiliser le fait que cette probabilité vaut 0,5.

▶ **2.** Compter le nombre de multiples de 3 compris entre 1 et 8.

▶ **3.** Construire un arbre pondéré, par exemple.

CORRIGÉ 70

▶ **1.** Soit x le nombre de boules rouges. Soit R l'événement : « la boule tirée est rouge ».

Nous avons $p(\mathrm{R}) = \dfrac{\text{nombre de résultats favorables}}{\text{nombre de résultats possibles}}$.

$p(\mathrm{R}) = \dfrac{x}{6+5+x} = \dfrac{x}{11+x}$ et de plus $p(\mathrm{R}) = \dfrac{50}{100} = \dfrac{1}{2}$.

Résolvons l'équation $\dfrac{x}{11+x} = \dfrac{1}{2}$. Nous avons :

$2x = 11 + x$

$2x - x = 11$

$x = 11$.

Conclusion : il existe 11 boules rouges dans l'urne.

▶ **2.** Soit M l'événement : « on obtient un multiple de 3 ».

Entre 1 et 8, il existe 2 multiples de 3 : ce sont les numéros 3 et 6.

Nous avons $p(\mathrm{M}) = \dfrac{2}{8}$.

Conclusion : la probabilité d'obtenir un multiple de 3 est égale à $\dfrac{1}{4}$.

▶ **3.** Soit G l'événement : « gagner le gros lot ».

Construisons un arbre de probabilité pondéré. Notations :

R est l'événement : « tirer une boule rouge » ;

$\overline{\mathrm{R}}$ est l'événement : « ne pas tirer une boule rouge » ;

M est l'événement : « obtenir un multiple de 3 » ;

$\overline{\mathrm{M}}$ est l'événement : « ne pas obtenir un multiple de 3 ».

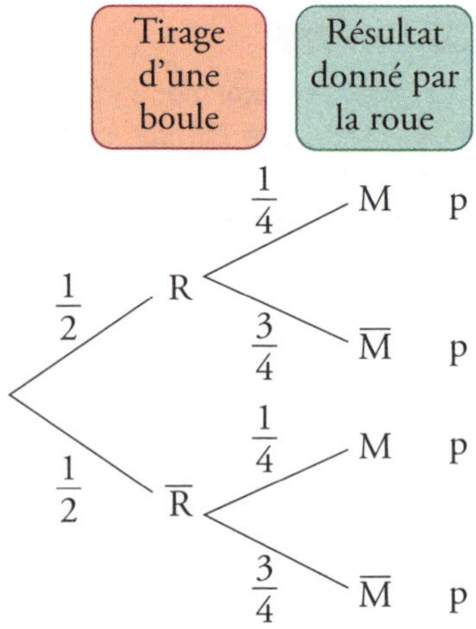

$p\,(R, M) = \frac{1}{2} \times \frac{1}{4} = \frac{1}{8}$

$p\,(R, \overline{M}) = \frac{1}{2} \times \frac{3}{4} = \frac{3}{8}$

$p\,(\overline{R}, M) = \frac{1}{2} \times \frac{1}{4} = \frac{1}{8}$

$p\,(\overline{R}, \overline{M}) = \frac{1}{2} \times \frac{3}{4} = \frac{3}{8}$

L'événement G se réalise si les événements R et M se réalisent.

Sur l'arbre de probabilité, nous lisons :

$p(G) = p(R, M) = \frac{1}{2} \times \frac{1}{4}$

$p(G) = \frac{1}{8}.$

Conclusion : la probabilité de gagner le gros lot est égale à $\frac{1}{8}$.

Pour répondre à la question posée, il n'était pas indispensable de tracer toutes les branches de l'arbre. Toutefois apprendre à construire un arbre entier peut être très utile si les questions posées sont plus complexes.

SUJET
71
Madagascar, Liban • Juin 2010
Exercice

QCM 5 questions

Cet exercice est un questionnaire à choix multiples (QCM). Aucune justification n'est demandée. Pour chacune des questions suivantes, trois réponses sont proposées, une seule est exacte.

Pour chaque question, indiquer sur la copie son numéro et recopier la réponse exacte.

Soit f la fonction définie par $f(x) = -2x + 3$.				
1	$f(x)$ est de la forme $ax+b$. La valeur de a est :	3	-2	2
2	L'image de 0 par f est :	1	1,5	3
3	La droite qui représente la fonction f passe par le point :	A (–1 ; 1)	B (–1 ; 5)	C (1 ; –18)
4	L'antécédent de 4 par la fonction f est :	-5	$\frac{7}{2}$	$-\frac{1}{2}$
5	La droite qui représente la fonction f coupe l'axe des ordonnées en :	D (1,5 ; 0)	E (0 ; 3)	F (0 ; 2)

LES CLÉS DU SUJET

▶ **2.** Calculer $f(0)$.
▶ **3.** Calculer $f(-1)$.
▶ **4.** Résoudre $f(x) = 4$.
▶ **5.** Le point recherché possède une abscisse nulle.

CORRIGÉ 71

Question 1 : La bonne réponse est -2.

Question 2 : La bonne réponse est 3.

Question 3 : La bonne réponse est $B(-1\,;5)$.

Question 4 : La bonne réponse est $-\frac{1}{2}$.

Question 5 : La bonne réponse est $E(0\,;3)$.

Commentaires

Pour chacune des questions, nous avons $f(x)=-2x+3$.

1. Puisque $f(x)$ est de la forme $ax+b$, alors $a=-2$.

2. Nous remarquons que $f(0)=3$.

3. Nous avons $f(-1)=-2(-1)+3=5$. La droite qui représente la fonction f passe par $B(-1\,;5)$.

4. L'antécédent par la fonction f du nombre 4 est tel que $-2x+3=4$, soit $-2x=4-3$ ou encore $x=-\frac{1}{2}$.

5. Puisque $f(0)=3$, la droite qui représente la fonction f coupe l'axe des ordonnées en $E(0\,;3)$.

Se souvenir que tout point situé sur l'axe des ordonnées a une abscisse nulle.

III. La boîte à outils

Le formulaire du brevet

1. ARITHMÉTIQUE

Définitions

Notion	Définition
Multiple d'un entier naturel	On appelle multiple d'un nombre entier naturel, le produit de ce nombre entier naturel par un autre nombre entier naturel.
Diviseur d'un entier naturel	Soient deux entiers naturels a et b. a est diviseur de b lorsque la division de b par a se fait exactement c'est-à-dire ne donne pas de reste.
Diviseur commun à deux entiers naturels	Un entier naturel est diviseur commun à deux entiers naturels s'il les divise tous les deux.
PGCD (plus grand commun diviseur) de deux entiers naturels	Soient deux entiers naturels a et b. Le plus grand de tous les diviseurs communs à a et b est appelé le PGCD de ces deux nombres.
Nombres premiers entre eux	Deux nombres sont premiers entre eux si leur PGCD est égal à 1.
Fraction irréductible	La fraction $\frac{a}{b}$ est irréductible lorsque a et b sont premiers entre eux. Si a et b ne sont pas premiers entre eux, la fraction $\frac{a}{b}$ est simplifiable. En divisant les deux entiers naturels a et b par D, leur PGCD, on obtient une fraction irréductible.

Algorithme d'Euclide

Il permet de déterminer le PGCD de deux entiers naturels non nuls a et b tels que $a > b$.

On effectue la division de a par b. On appelle q_1 le quotient obtenu et r_1 le reste.

On effectue la division de b par r_1. On appelle q_2 le quotient obtenu et r_2 le reste.

Et ainsi de suite… le dernier reste non nul est le PGCD de a et b.

2. CALCUL NUMÉRIQUE

Sur les fractions

Opération	Règle
Addition (ou soustraction)	Pour additionner (ou soustraire) deux fractions, on les réduit au même dénominateur puis on additionne (ou on soustrait) les numérateurs et on conserve le dénominateur commun.
Multiplication	Pour multiplier deux fractions, on multiplie les numérateurs entre eux et les dénominateurs entre eux.
Division	Pour diviser deux fractions, on multiplie la fraction numérateur par l'inverse de la fraction dénominateur.

Attention à ne pas confondre **l'opposé et l'inverse** d'un nombre.

- Deux nombres sont **opposés** si leur somme est nulle.

Exemples : -5 est l'opposé de 5, $-\frac{1}{3}$ est l'opposé de $\frac{1}{3}$.

- Deux nombres sont **inverses** si leur produit est 1.

Exemples : $\frac{1}{5}$ est l'inverse de 5, $-\frac{1}{3}$ est l'inverse de -3.

Sur les puissances

▶ a et b étant deux réels non nuls, m et n étant des entiers relatifs :

- $a^m \times a^n = a^{m+n}$
- $\frac{a^m}{a^n} = a^{m-n}$
- $(a \times b)^m = a^m \times b^m$
- $\left(\frac{a}{b}\right)^n = \frac{a^n}{b^n}$
- $(a^m)^n = a^{m \times n}$

▶ Remarques relatives aux puissances de 10 :

- $10^3 = 10 \times 10 \times 10 = 1000$
- $10^{-3} = \frac{1}{10^3} = \frac{1}{1000} = 0{,}001$

Sur les radicaux

a et b étant deux réels positifs :

- $\sqrt{a \times b} = \sqrt{a} \times \sqrt{b}$
- $\sqrt{a^2} = a$
- $\sqrt{\frac{a}{b}} = \frac{\sqrt{a}}{\sqrt{b}}$

Notation scientifique normalisée

Tout nombre positif x peut s'écrire sous la forme :

$x = a \times 10^n$ où $1 \leqslant a < 10$ et n est un entier relatif.

3. CALCUL LITTÉRAL

Développer à l'aide de la propriété de distributivité

On utilise les **règles de la distributivité** de la multiplication par rapport à l'addition.

Quels que soient les nombres a, b, c et d :

- $a \times (b + c) = a \times b + a \times c$
- $(a + b) \times (c + d) = a \times c + a \times d + b \times c + b \times d$

Développer, factoriser à l'aide des identités remarquables

On distingue trois identités remarquables, a et b étant deux réels quelconques :

- $(a+b)^2 = a^2 + 2ab + b^2$
- $(a-b)^2 = a^2 - 2ab + b^2$
- $a^2 - b^2 = (a+b) \times (a-b)$

Équations produits

On utilise la propriété : lorsqu'un produit de facteurs est nul, alors l'un au moins des facteurs est nul.

4. STATISTIQUES

Caractéristiques de position

Notion	Définition
Fréquence d'une valeur	On appelle fréquence d'une valeur, le quotient de l'effectif de cette valeur par l'effectif total. On l'exprime souvent en pourcentage.
Moyenne d'une série statistique	C'est le nombre m réel égal au quotient de la somme de toutes les valeurs de la série statistique par l'effectif total.
Mode d'une série statistique	C'est toute valeur de la série statistique d'effectif maximum.
Médiane d'une série statistique	C'est la valeur qui partage la série statistique, rangée par ordre croissant (ou décroissant), en deux parties de même effectif. Si l'effectif total de la série est un nombre impair, la médiane est une valeur de la série. Sinon, c'est un nombre compris entre deux valeurs de la série. On prend souvent pour médiane la moyenne de ces deux valeurs.

Caractéristiques de dispersion

Notion	Définition
Étendue d'une série statistique	C'est la différence entre la plus grande et la plus petite valeur de la série statistique.
Écart moyen d'une série statistique	C'est la moyenne de la série obtenue en prenant les valeurs positives des différences entre chaque valeur de la série statistique et la valeur moyenne de la série.
1er quartile d'une série statistique	On appelle 1er quartile d'une série la plus petite valeur q_1 des termes de la série pour laquelle au moins un quart (25 %) des données sont inférieures ou égales à q_1.
3e quartile d'une série statistique	On appelle 3e quartile d'une série la plus petite valeur q_3 des termes de la série pour laquelle au moins trois quarts (75 %) des données sont inférieures ou égales à q_3.

5. PROBABILITÉS

Soit E un événement.

- La probabilité de réalisation de E est un nombre $p(\text{E})$ compris entre 0 et 1.
- Si $p(\text{E}) = 0$ alors l'événement E est impossible.
- Si $p(\text{E}) = 1$ alors l'événement E est certain.
- Quand les résultats d'une expérience ont tous la même probabilité, alors $p(\text{E}) = \dfrac{\text{nombre de résultats favorables}}{\text{nombre de résultats possibles}} = \dfrac{n}{\text{N}}$.
- Notons $\bar{\text{E}}$ l'événement contraire de E (c'est-à-dire l'événement « non E »), alors $p(\text{E}) + p(\bar{\text{E}}) = 1$.

6. ANGLES

Angles particuliers

- **Angle droit**

C'est un angle dont la mesure est égale à 90°.

- **Angle plat**

C'est un angle dont la mesure est égale à 180°.

- **Angles complémentaires**

Ce sont deux angles dont la somme des mesures vaut 90°.

- **Angles supplémentaires**

Ce sont deux angles dont la somme des mesures vaut 180°s.

Somme des angles d'un triangle quelconque

Dans un triangle quelconque la somme des mesures des trois angles vaut 180°.

Angles et droites parallèles

- **Angles correspondants**

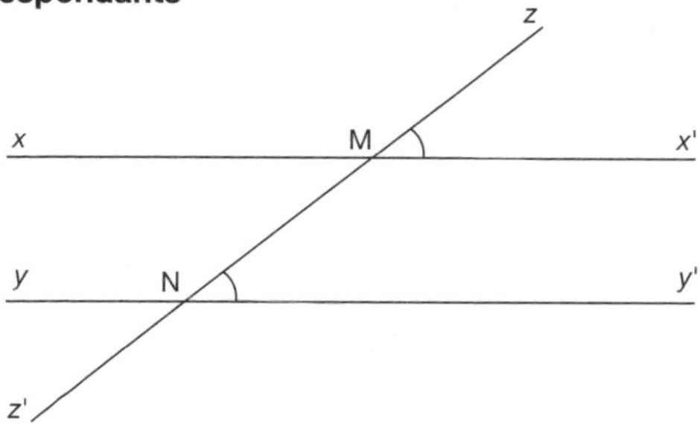

Si (xx') est parallèle à (yy'), alors $\widehat{z\text{M}x'} = \widehat{z\text{N}y'}$.

▶ Angles alternes internes

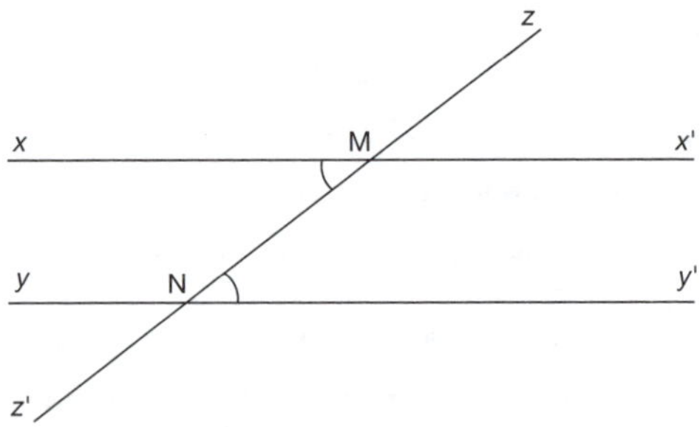

Si (xx') est parallèle à (yy'), alors $\widehat{xMz'} = \widehat{zNy'}$.

Angles et cercles

▶ **Tangente** en un point A d'un cercle de centre O

En chaque point A d'un cercle, il existe une tangente au cercle. Cette tangente est perpendiculaire à [OA].

▶ Angle inscrit, angle au centre

Soit un cercle $(\mathscr{C})$ de centre O et quatre points A, B, M et N situés sur ce cercle.

L'angle $\widehat{AOB}$ est un angle au centre qui intercepte l'arc de cercle $\overset{\frown}{AB}$. Les angles $\widehat{AMB}$ et $\widehat{ANB}$ sont des angles inscrits qui interceptent l'arc $\overset{\frown}{AB}$.

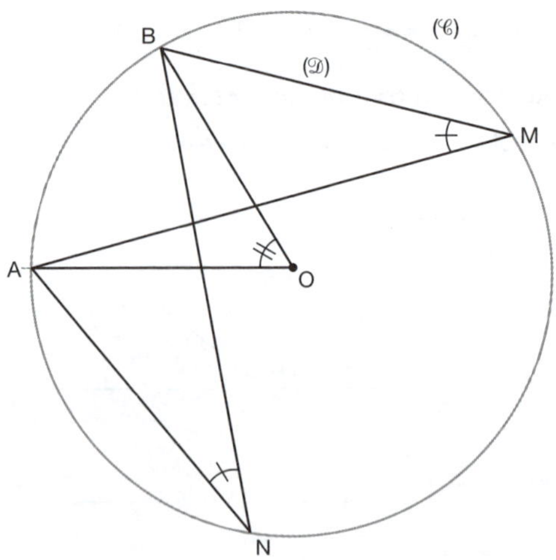

Propriétés :

• La mesure d'un angle inscrit dans un cercle est égale à la moitié de la mesure de l'angle au centre qui intercepte le même arc : $\widehat{AMB} = \frac{1}{2}\widehat{AOB}$;

• Si deux angles inscrits interceptent le même arc, alors ils ont la même mesure : $\widehat{AMB} = \widehat{ANB}$.

7. TRIANGLES ET DROITES

Droites remarquables dans un triangle

▶ Médiane

• Définition : une médiane dans un triangle est une droite passant par un sommet et par le milieu du côté opposé.

• Propriété : dans un triangle, les trois médianes se coupent en un même point appelé centre de gravité du triangle. Ce centre de gravité est situé sur chaque médiane au tiers à partir de la base.

▶ Médiatrice

• Définition : une médiatrice dans un triangle est une droite passant par le milieu d'un côté et perpendiculaire à ce dernier.

• Propriété : dans un triangle, les trois médiatrices se coupent en un même point qui est le centre du cercle circonscrit à ce triangle. Ce cercle passe par les trois sommets du triangle.

▶ Hauteur

• Définition : une hauteur dans un triangle est une droite passant par un sommet et perpendiculaire au côté opposé.

• Propriété : dans un triangle les trois hauteurs se coupent en un même point appelé orthocentre du triangle.

▶ Bissectrice

• Définition : une bissectrice est une droite partageant un angle en deux angles de même mesure. Elle passe par le sommet de cet angle.

• Propriété : dans un triangle, les trois bissectrices se coupent en un même point qui est le centre du cercle inscrit dans ce triangle. Ce cercle est tangent aux trois côtés du triangle.

▶ Cas particuliers

• Dans un triangle isocèle en A, la médiane issue de A est aussi médiatrice, hauteur et bissectrice.

• Dans un triangle équilatéral, les trois médianes sont aussi médiatrices, hauteurs et bissectrices.

Théorèmes de la droite des milieux

▶ **Théorème 1 :** la droite qui passe par les milieux de deux côtés d'un triangle est parallèle au troisième côté de ce triangle. De plus, la longueur du segment qui joint ces deux milieux est égale à la moitié de la longueur du troisième côté.

▶ **Théorème 2 :** la droite qui passe par le milieu d'un côté d'un triangle et qui est parallèle à un second côté, coupe le troisième côté de ce triangle en son milieu.

8. PROPRIÉTÉS DU TRIANGLE RECTANGLE

Somme des angles aigus d'un triangle rectangle

La somme des deux angles aigus d'un triangle rectangle est égale à 90°. Ces deux angles sont donc complémentaires.

Triangle rectangle et cercle circonscrit

▶ **Propriété 1 :** tout triangle ABC rectangle en A est inscriptible dans un demi-cercle de diamètre [BC].

▶ **Propriété 2 :** dans un triangle rectangle, la médiane relative à l'hypoténuse est égale à la moitié de l'hypoténuse.

Réciproquement, si dans un triangle la médiane relative à un côté mesure la moitié de ce côté, alors le triangle est rectangle.

Théorème de Pythagore

▶ **Théorème direct :** si un triangle ABC est rectangle en A, alors $BC^2 = AB^2 + AC^2$.

▶ **Réciproque :** si un triangle ABC est tel que $BC^2 = AB^2 + AC^2$, alors ce triangle est rectangle en A.

Relations trigonométriques dans un triangle rectangle

Soit un triangle rectangle ABC, rectangle en A.

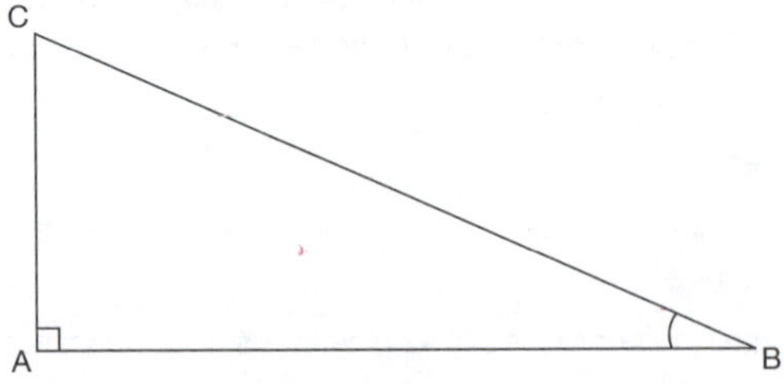

- $\sin \widehat{ABC} = \dfrac{AC}{BC} = \dfrac{\text{côté opposé}}{\text{hypoténuse}}$
- $\cos \widehat{ABC} = \dfrac{AB}{BC} = \dfrac{\text{côté adjacent}}{\text{hypoténuse}}$
- $\tan \widehat{ABC} = \dfrac{AC}{AB} = \dfrac{\text{côté opposé}}{\text{côté adjacent}}$

9. THÉORÈME DE THALÈS

▶ Théorème direct

- Soient deux droites $(\mathscr{D})$ et $(\mathscr{D}')$ sécantes en A.
- Soient B et M deux points de $(\mathscr{D})$, distincts de A.
- Soient C et N deux points de $(\mathscr{D}')$ distincts de A.
- Les points A, B et M sont dans le même ordre que les points A, C et N.

Si les droites (BC) et (MN) sont parallèles, alors : $\dfrac{AM}{AB} = \dfrac{AN}{AC} = \dfrac{MN}{BC}$

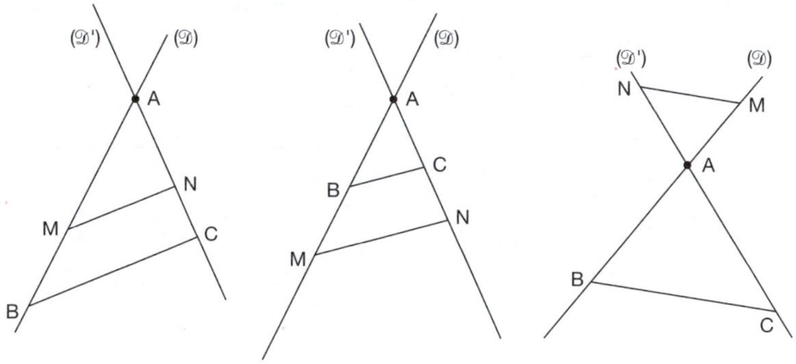

▶ Réciproque

- Soient deux droites $(\mathscr{D})$ et $(\mathscr{D}')$ sécantes en A.
- Soient B et M deux points de $(\mathscr{D})$, distincts de A.
- Soient C et N deux points de $(\mathscr{D}')$ distincts de A.

Si les points A, B, et M d'une part et les points A, C, et N d'autre part sont dans le même ordre et si $\dfrac{AM}{AB} = \dfrac{AN}{AC}$, alors les droites (BC) et (MN) sont parallèles.

10. FIGURES PLANES : FORMULES RELATIVES AUX PÉRIMÈTRES ET AUX AIRES

Triangle et disque

	Figure	Périmètre $\mathscr{P}$	Aire $\mathscr{A}$
Disque	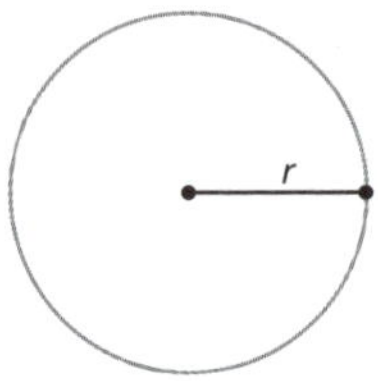	$\mathscr{P} = 2\pi r$	$\mathscr{A} = \pi r^2$
Triangle	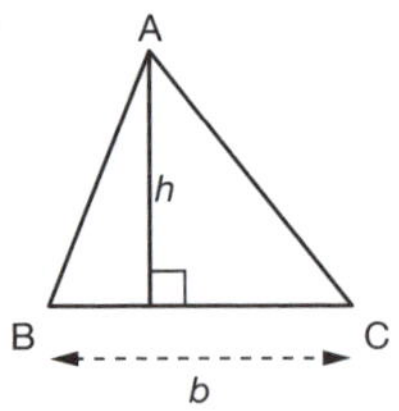	$\mathscr{P}$ = AB + BC + CA	$\mathscr{A} = \frac{b \times h}{2}$

Quadrilatères

	Figure	Périmètre $\mathscr{P}$	Aire $\mathscr{A}$
Carré	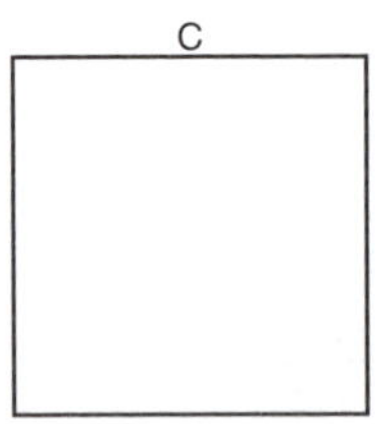	$\mathscr{P} = 4c$	$\mathscr{A} = c^2$

	Figure	Périmètre $\mathcal{P}$	Aire $\mathcal{A}$
Rectangle	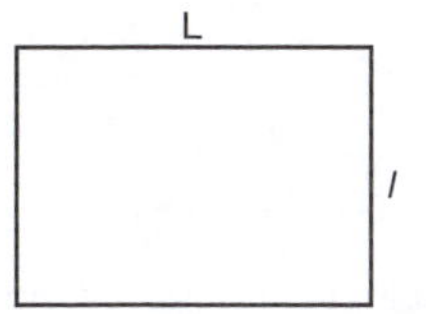	$\mathcal{P} = 2(L + l)$	$\mathcal{A} = L \times l$
Parallélo-gramme	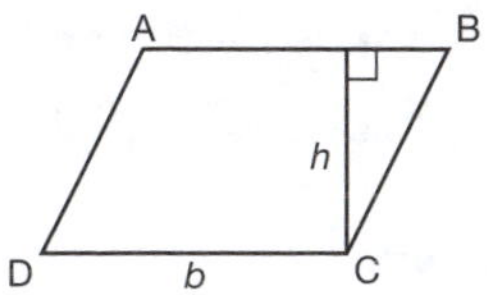	$\mathcal{P} = 2(AB + BC)$	$\mathcal{A} = b \times h$
Losange	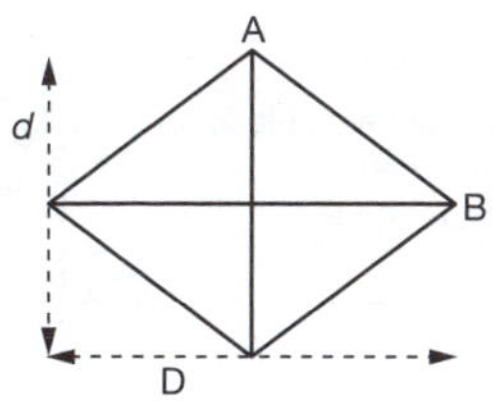	$\mathcal{P} = 4AB$	$\mathcal{A} = \dfrac{D \times d}{2}$
Trapèze	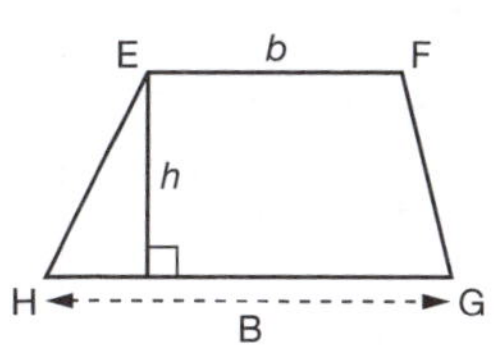	$\mathcal{P} = EF + FG + GH + HE$	$\mathcal{A} = \dfrac{(B + b) \times h}{2}$

Agrandissements et réductions

Lorsque toutes les dimensions d'une figure $\mathcal{F}$ sont multipliées par un même nombre k, on obtient une figure $\mathcal{F}'$.

Si $k > 1$, $\mathcal{F}'$ est un agrandissement de $\mathcal{F}$.

Si $0 < k < 1$, $\mathcal{F}'$ est une réduction de $\mathcal{F}$.

Le périmètre de $\mathcal{F}'$ se déduit du périmètre de $\mathcal{F}$ en multipliant ce dernier par k.

L'aire de $\mathcal{F}'$ se déduit de l'aire de $\mathcal{F}$ en multipliant cette dernière par k^2.

11. FIGURES DANS L'ESPACE : FORMULES RELATIVES AUX AIRES ET AUX VOLUMES

Cube, pavé droit, prisme droit et cylindre de révolution

	Figure	Aire latérale $\mathcal{A}$	Volume $\mathcal{V}$
Cube	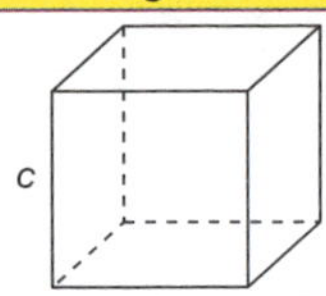	$\mathcal{A} = 6c^2$ c désignant l'arête du cube	$\mathcal{V} = c^3$ c désignant l'arête du cube
Pavé droit ou parallélépipède rectangle	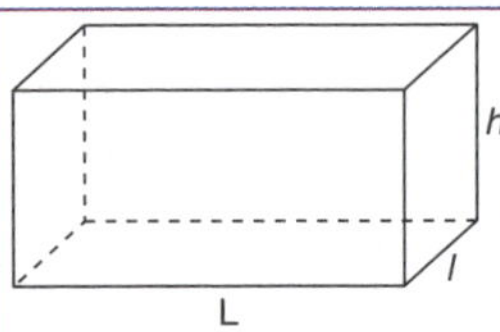	$\mathcal{A} = 2(L \times l + L \times h + l \times h)$ L désignant la longueur l la largeur h la hauteur	$\mathcal{V} = L \times l \times h$ L désignant la longueur l la largeur h la hauteur
Prisme droit	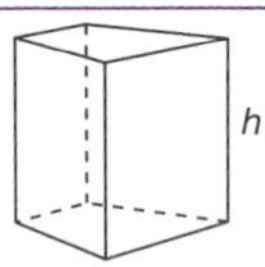	$\mathcal{A} = p \times h$ p désignant le périmètre de la base et h la hauteur	$\mathcal{V} = B \times h$ B désignant l'aire de la base et h la hauteur
Cylindre de révolution	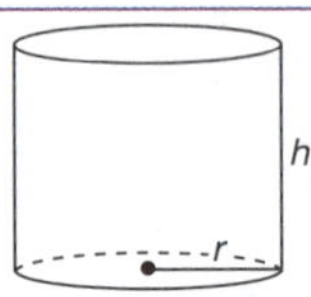	$\mathcal{A} = 2\pi \times r \times h$ r désignant le rayon de la base et h la hauteur	$\mathcal{V} = \pi \times r^2 \times h$ r désignant le rayon de la base et h la hauteur

Pyramide et cône de révolution

	Figure	Aire $\mathcal{A}$	Volume $\mathcal{V}$
Pyramide	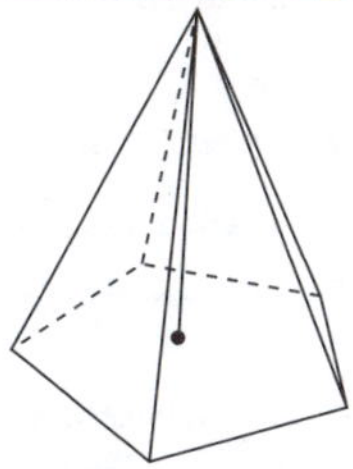		$\mathcal{V} = \frac{1}{3} \times B \times h$ B désignant l'aire de la base et h la hauteur
Cône de révolution	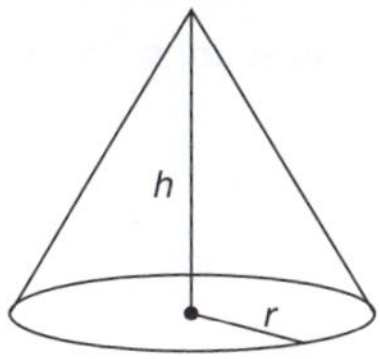		$\mathcal{V} = \frac{1}{3} \times B \times h$ B désignant l'aire de la base et h la hauteur

Boule ou sphère

	Figure	Aire $\mathcal{A}$	Volume $\mathcal{V}$
Boule ou sphère	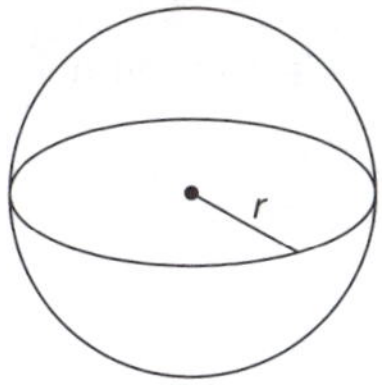	$\mathcal{A} = 4\pi \times r^2$ r désignant le rayon de la boule	$\mathcal{V} = \frac{4}{3} \times \pi \times r^3$ r désignant le rayon de la boule

Agrandissements et réductions

Lorsque toutes les dimensions d'une figure $\mathcal{F}$ sont multipliées par un même nombre k, on obtient une figure $\mathcal{F}'$.

Si $k > 1$, $\mathcal{F}'$ est un agrandissement de $\mathcal{F}$.

Si $0 < k < 1$, $\mathcal{F}'$ est une réduction de $\mathcal{F}$.

- L'aire de $\mathcal{F}'$ se déduit de l'aire de $\mathcal{F}$ en multipliant cette dernière par k^2.
- Le volume de $\mathcal{F}'$ se déduit du volume de $\mathcal{F}$ en multipliant ce dernier par k^3.

10 méthodes clés

1. EFFECTUER DES CALCULS SUR DES FRACTIONS

Les conseils clés

▶ **Avant tout calcul, simplifier, si cela est possible, les fractions.**

▶ **Commencer les calculs en respectant les règles de priorité :**

R1. On commence toujours par effectuer les calculs entre parenthèses (s'il en existe !).

R2. On effectue toujours les multiplications et les divisions avant les additions et les soustractions.

R3. S'il n'y a que des additions et des soustractions, on les effectue dans l'ordre où elles sont indiquées.

R4. S'il n'y a que des multiplications et des divisions, on les effectue dans l'ordre où elles sont indiquées.

▶ **Savoir les propriétés suivantes :**

P1. Pour additionner (ou soustraire) deux fractions, on les réduit au même dénominateur, puis on additionne (ou l'on soustrait) les numérateurs entre eux et l'on conserve le dénominateur commun.

P2. Pour multiplier deux fractions, on multiplie les numérateurs entre eux et les dénominateurs entre eux.

P3. Pour diviser deux fractions, on multiplie la fraction numérateur par l'inverse de la fraction dénominateur.

▶ **Vérifier le résultat obtenu avec une calculatrice.**

Les exemples commentés

Énoncé Soit $A = \left(\frac{4}{6} - \frac{2}{9}\right) \times \left(\frac{1}{5} : \frac{3}{10}\right)$. Écrire A sous la forme d'une fraction irréductible.	
Solution $A = \left(\frac{2}{3} - \frac{2}{9}\right) \times \left(\frac{1}{5} : \frac{3}{10}\right)$ $A = \left(\frac{6}{9} - \frac{2}{9}\right) \times \left(\frac{1}{5} \times \frac{10}{3}\right)$ $A = \frac{4}{9} \times \frac{2}{3}$ $\quad A = \frac{8}{27}$.	**Commentaire** On simplifie la fraction $\frac{4}{6}$. On applique R1, P1 et P3. On applique R1, P1 et P2.
Énoncé Soit $B = \dfrac{\frac{1}{3} + \frac{2}{5}}{1 - \frac{3}{4}}$. Écrire B sous la forme d'une fraction irréductible.	**Commentaire** En appliquant la même technique, on trouve : $B = \frac{44}{15}$.

2. EFFECTUER DES CALCULS SUR DES PUISSANCES DE 10

Les conseils clés

▶ **Savoir les propriétés suivantes :**

m et *n* étant deux entiers naturels :

$10^m \times 10^n = 10^{m+n}$; $\left(10^n\right)^m = 10^{n \times m}$; $\dfrac{10^n}{10^m} = 10^{n-m}$;

$\dfrac{1}{10^n} = 10^{-n}$; $10^0 = 1$.

▶ **Suivre cette méthode :**

Regrouper les entiers d'une part et les puissances de 10 d'autre part.

Appliquer les propriétés ci-dessus.

Vérifier avec la calculatrice.

▶ **Connaître la définition de l'écriture scientifique :**

Tout nombre positif x peut s'écrire sous la forme $x = a \times 10^n$, où $1 \leqslant a < 10$ et n est un entier relatif.

Les exemples commentés

Énoncé Soient $A = 2 \times 10^{-4}$ et $B = 0{,}000004$. Donner l'écriture décimale de A puis l'écriture scientifique de B. **Solution** • $10^{-4} = \dfrac{1}{10^4} = \dfrac{1}{10\,000} = 0{,}0001$ Donc $A = 2 \times 0{,}0001$ $A = 0{,}0002$ est l'écriture décimale de A. • $0{,}000004 = \dfrac{4}{1\,000\,000} = \dfrac{4}{10^6}$ $B = 4 \times 10^{-6}$ est l'écriture scientifique de B.	**Commentaire** On applique la propriété $10^{-n} = \dfrac{1}{10^n}$. On applique la propriété $\dfrac{1}{10^n} = 10^{-n}$.
Énoncé Soit $C = \dfrac{15 \times 10^3 \times \left(10^2\right)^{-5}}{0{,}2 \times 10^{-4} \times 12}$. Donner l'écriture scientifique puis l'écriture décimale de C. **Solution** $C = \dfrac{15}{0{,}2 \times 12} \times \dfrac{10^3 \times \left(10^2\right)^{-5}}{10^{-4}}$ $C = 6{,}25 \times \dfrac{10^3 \times 10^{-10}}{10^{-4}} = 6{,}25 \times \dfrac{10^{3-10}}{10^{-4}}$ $C = 6{,}25 \times 10^{-7+4}$ $C = 6{,}25 \times 10^{-3}$ est l'écriture scientifique de C. $C = 0{,}00625$ est l'écriture décimale de C.	**Commentaire** On regroupe les entiers d'une part et les puissances de 10 d'autre part. On applique les formules $10^m \times 10^n = 10^{m+n}$ et $(10^n)^m = 10^{n \times m}$. On applique la formule $\dfrac{10^n}{10^m} = 10^{n-m}$.

3. EFFECTUER DES CALCULS SUR DES RADICAUX

Les conseils clés

▶ **Savoir les propriétés suivantes :**

a et *b* étant deux nombres réels positifs, alors :

$\sqrt{a^2} = a$; $(\sqrt{a})^2 = a$; $\sqrt{a^2 \times b} = a\sqrt{b}$; $\sqrt{a \times b} = \sqrt{a} \times \sqrt{b}$; $\sqrt{\frac{a}{b}} = \frac{\sqrt{a}}{\sqrt{b}}$.

▶ **Bien remarquer que :**

$\sqrt{a+b} \neq \sqrt{a} + \sqrt{b}$.

▶ **Pour simplifier une expression de la forme $\sqrt{n}$ (avec $n > 0$) :**

• écrire le nombre *n* sous forme du produit d'un autre nombre par un « carré parfait » ;

• puis utiliser la formule $\sqrt{a^2 \times b} = a\sqrt{b}$, avec *a* et *b* positifs.

Les exemples commentés

Énoncé Soit $A = 5\sqrt{50} - 3\sqrt{128} + \sqrt{98}$. Écrire A sous la forme $a\sqrt{2}$ avec *a* entier. **Solution** $A = 5\sqrt{5^2 \times 2} - 3\sqrt{8^2 \times 2} + \sqrt{7^2 \times 2}$ $A = 5 \times 5\sqrt{2} - 3 \times 8\sqrt{2} + 7\sqrt{2}$ $A = 25\sqrt{2} - 24\sqrt{2} + 7\sqrt{2}$ $A = 8\sqrt{2}$.	**Commentaire** On remarque que dans 50, il existe le « carré parfait » 25 car $50 = 25 \times 2$. On remarque de même que : $128 = 64 \times 2$ et $98 = 49 \times 2$. On applique la formule $\sqrt{a^2 \times b} = a\sqrt{b}$ avec *a* et *b* positifs.
Énoncé Soit $B = \left(\sqrt{3} - 2\sqrt{7}\right) \times \left(-2\sqrt{3} + \sqrt{7}\right.$. Développer et réduire B. **Solution** $B = \sqrt{3} \times \left(-2\sqrt{3}\right) - 2\sqrt{7} \times \left(-2\sqrt{3}\right) + \sqrt{3} \times \sqrt{7} - 2\sqrt{7} \times \sqrt{7}$ $B = -2\left(\sqrt{3}\right)^2 + 4\sqrt{7} \times \sqrt{3} + \sqrt{3} \times \sqrt{7} - 2\left(\sqrt{7}\right)^2$ $B = -2 \times 3 + 4\sqrt{21} + \sqrt{21} - 2 \times 7$ $B = -20 + 5\sqrt{21}$.	**Commentaire** On développe l'expression B. On applique les formules $\sqrt{a^2} = a$ et $\sqrt{a \times b} = \sqrt{a} \times \sqrt{b}$ avec *a* et *b* positifs.
Énoncé Soient $C = \sqrt{4+9}$ et $D = \sqrt{4} + \sqrt{9}$. Simplifier C et D puis comparer les résultats. **Solution** $C = \sqrt{4+9} = \sqrt{13}$ et $D = 2 + 3 = 5$. Il est évident que $\sqrt{13} \neq 5$, donc $C \neq D$.	**Commentaire** Sur cet exemple, on vérifie bien que $\sqrt{a+b} \neq \sqrt{a} + \sqrt{b}$.

4. DÉVELOPPER OU FACTORISER

Les conseils clés

▶ **Connaître les règles de priorité :**

On effectue d'abord les calculs entre parenthèses.

On effectue ensuite les multiplications et les divisions.

On effectue enfin les additions et les soustractions.

▶ **Connaître les identités remarquables :**

$(a+b)^2 = a^2 + 2ab + b^2$

$(a-b)^2 = a^2 - 2ab + b^2$

$a^2 - b^2 = (a+b)(a-b)$

▶ **Connaître la propriété de distributivité :**

Quels que soient les nombres a, b, c, d, nous avons :

$a \times (c+d) = a \times c + a \times d$

$(a+b) \times (c+d) = a \times c + a \times d + b \times c + b \times d$

Les exemples commentés

Énoncé Développer puis réduire les expressions suivantes : **1.** $A = (2x+5)(-x+6)$. **2.** $B = (2x+5)^2 + (3x+4)(2x+5)$. **Solution** **1.** $A = -2x^2 - 5x + 12x + 30$ $A = -2x^2 + 7x + 30$. **2.** $B = (4x^2 + 20x + 25) + (6x^2 + 8x + 15x + 20)$ $B = 10x^2 + 43x + 45$.	**Commentaire** On applique la distributivité de la multiplication par rapport à l'addition. On applique l'identité remarquable : $(a+b)^2 = a^2 + 2ab + b^2$
Énoncé Factoriser les expressions suivantes : **1.** $C = (-2x+5)^2 + (-x+3)(-2x+5)$. **2.** $D = 4x^2 - 1 + (2x+1)(-x+7)$. **Solution** **1.** $C = (-2x+5)[(-2x+5) + (-x+3)]$ $C = (-2x+5)(-3x+8)$. **2.** On pose $E = 4x^2 - 1$. $E = (2x)^2 - (1)^2 = (2x+1)(2x-1)$. Alors $D = (2x+1)(2x-1) + (2x+1)(-x+7)$ $D = (2x+1)[(2x-1) + (-x+7)]$ $D = (2x+1)(x+6)$.	**Commentaire** On met $(-2x+5)$ en facteur. On applique l'identité remarquable : $a^2 - b^2 = (a+b)(a-b)$ On met $(2x+1)$ en facteur. On simplifie.

5. MODÉLISER UNE SITUATION À L'AIDE D'UNE ÉQUATION OU D'UN SYSTÈME D'ÉQUATIONS

Les conseils clés

▶ **Suivre cette méthode :**

1. Choisir la (ou les) inconnue(s).

2. Mettre en équation (ou en système d'équations) en traduisant l'énoncé.

3. Résoudre l'équation (ou le système d'équations).

4. Interpréter le résultat et conclure.

▶ **Attention :**

S'assurer que le résultat trouvé après résolution de l'équation ou du système d'équations a bien un sens. À titre d'exemples :

- si x représente une longueur ou le prix d'un objet, alors x doit être positif ;
- si y représente le nombre de membres d'une famille, alors y doit être un entier naturel.

Les exemples commentés

Énoncé Un livre et un magazine coûtent ensemble 16 euros. Le livre coûte 8 euros de plus que le magazine. Quels sont les prix du livre et du magazine ? **Solution** **1.** Soit x le prix en euros du magazine. **2.** Alors le livre coûte $x + 8$ et $x + (x + 8) = 16$. **3.** Soit $2x = 16 - 8$ ou $2x = 8$ donc $x = 4$. **4.** Le magazine coûte 4 euros et le livre 12 euros.	**Commentaire** On applique les 4 étapes de la méthode énoncée ci-dessus. On vérifie que les prix trouvés sont bien positifs !
Énoncé Trouver deux nombres dont la somme est égale à 42 et la différence égale à 8. **Solution** **1.** Soient x et y les deux nombres, x étant le plus grand. **2.** Alors $(S)\ \begin{cases} x + y = 42 & (1) \\ x - y = 8 & (2) \end{cases}$ **3.** En additionnant membre à membre les équations (1) et (2), on obtient : $2x = 50$ soit $x = 25$. Et en remplaçant x par 25 dans (1), par exemple, on trouve $25 + y = 42$, soit $y = 42 - 25$, donc $y = 17$. **4.** Conclusion : 25 et 17 sont les deux nombres cherchés.	**Commentaire** On applique les 4 étapes de la méthode énoncée ci-dessus. On s'assure que les valeurs trouvées pour x et y vérifient bien le système (S).

6. MODÉLISER UNE SITUATION À L'AIDE D'UNE FONCTION AFFINE

Les conseils clés

▶ Savoir la définition et la propriété suivante :

La fonction f définie par $f(x) = ax + b$ est une fonction affine. Sa représentation graphique est une droite $(\mathscr{D})$. Deux points permettent donc de la tracer.

Un exemple commenté

Énoncé

Une société de dépannage affiche le tarif suivant : 20 euros par heure de travail et un forfait de 25 euros pour le déplacement. Soit x le nombre d'heures où la société de dépannage intervient.

1. Exprimer en fonction de x le coût $f(x)$ du dépannage.

2. Tracer la représentation graphique de la fonction f avec $0 \leqslant x \leqslant 12$.

3. Monsieur Durand a utilisé les services de cette société durant 6 heures. Quel est le montant de la facture ?

4. Monsieur Dupont a utilisé lui aussi les services de cette société. Il a payé 225 euros. Combien d'heures lui ont été facturées ?

Solution

1. Nous avons $f(x) = 20x + 25$ en euros.

2.

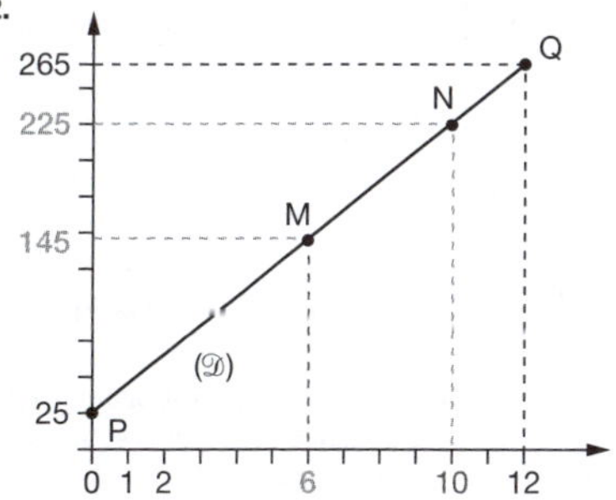

3. Le point M situé sur la droite $(\mathscr{D})$ et d'abscisse 6 a pour ordonnée 145. Monsieur Durand a payé 145 euros.

4. Le point N situé sur la droite $(\mathscr{D})$ et d'ordonnée 225 a pour abscisse 10. Monsieur Durand s'est vu facturer 10 h de travail de la société.

Commentaire

f est une fonction affine.
Sa représentation graphique est la droite $(\mathscr{D})$ passant par les points $\mathrm{P}(0\,;25)$ et $\mathrm{Q}(12\,;265)$.
Puisque $0 \leqslant x \leqslant 12$, la représentation graphique se réduit au segment $[\mathrm{PQ}]$.

7. FAIRE UNE CONSTRUCTION GÉOMÉTRIQUE EXACTE

Les conseils clés

▶ **Savoir utiliser les quatre outils de base :**
la règle graduée, l'équerre, le compas et le rapporteur.

▶ **Travailler avec le plus grand soin et la plus grande précision possibles.**

Les exemples commentés

Énoncé
L'unité de longueur est le cm. Construire un triangle ABC tel que AB = 6, AC = 5 et BC = 3.

Solution
On trace un segment [AB] de longueur 6.

On trace un arc de cercle de centre A et de rayon 5, puis un arc de cercle de centre B et de rayon 3.
L'une des intersections des deux arcs de cercle est le point C.

Échelle 60/100

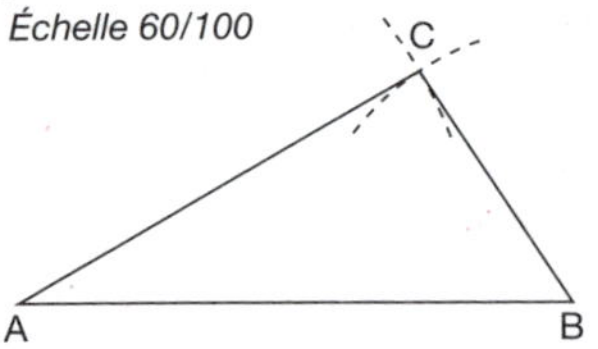

Commentaire
On utilise une règle graduée pour tracer le segment [AB].

On utilise un compas pour tracer les deux arcs de cercle.
On utilise une règle pour tracer les segments [AC] et [BC].

Énoncé
L'unité de longueur est le cm. Construire un triangle ABC rectangle en A, dont l'hypoténuse mesure 5 et l'angle $\widehat{CBA}$ = 35°.

Solution
On trace un segment [BC] de longueur 5.

On trace un demi-cercle de diamètre [BC].

On trace un angle $\widehat{CBx}$ de mesure 35°. La demi-droite [Bx) coupe le demi-cercle en A.

Échelle 72/100

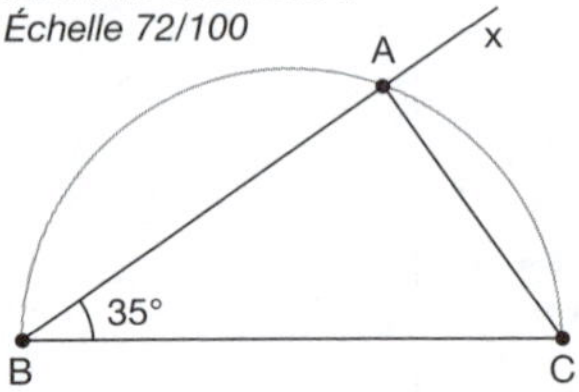

Commentaire
On utilise une règle graduée pour tracer le segment [BC].

On utilise un rapporteur pour tracer l'angle $\widehat{CBx}$ de mesure 35°.
Le triangle ABC ainsi obtenu est bien rectangle en A puisqu'il est inscrit dans un demi-cercle de diamètre [BC].

8. UTILISER LES THÉORÈMES DE LA GÉOMÉTRIE PLANE

Les conseils clés

▶ **Ne pas aller trop vite :** Exemples (à ne pas suivre !!!) :

• Puisqu'il existe des droites parallèles, j'applique le théorème de Thalès.

• Pour démontrer qu'un triangle est rectangle, j'applique le théorème de Pythagore.

▶ **Avoir les exigences suivantes :**

• Bien étudier les conditions d'application du théorème choisi, regarder si elles sont effectivement vérifiées et seulement alors appliquer le théorème en question.

• Énoncer très précisément le théorème et écrire clairement la conclusion.

Les exemples commentés

<table>
<tr>
<td>
Énoncé
On considère la figure ci-après.
Les droites (CD) et (BE) sont perpendiculaires à la droite (AC).
$AB = 5$ cm, $AC = 8$ cm et $BE = 4$ cm.
Calculer CD.
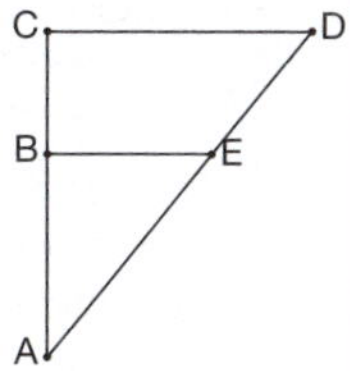

Solution
Les droites (CD) et (BE) sont perpendiculaires à la droite (AC). Elles sont donc parallèles entre elles. Les points A, B, C de la droite (AC) sont alignés dans le même ordre que les points A, E, D de la droite (AD).
Nous pouvons appliquer le théorème de Thalès et écrire : $\frac{AB}{AC} = \frac{BE}{CD}$, soit $\frac{5}{8} = \frac{4}{CD}$ ou $CD = \frac{4 \times 8}{5}$.
Conclusion : CD = 6,4 cm.
</td>
<td>
Commentaire
Théorème utilisé : lorsque deux droites sont perpendiculaires à une même troisième, elles sont parallèles entre elles.
En effet, les conditions d'application du théorème de Thalès sont réunies.
Mettre en évidence le résultat.
</td>
</tr>
<tr>
<td>
Énoncé
Dans un triangle ABC, on a : $\widehat{A} = 58°$, $\widehat{B} = 82°$.
Calculer $\widehat{C}$.
Solution
Dans un triangle, la somme des mesures des trois angles est égale à 180°.
Donc $\widehat{A} + \widehat{B} + \widehat{C} = 180°$,
soit $\widehat{C} = 180° - \left(\widehat{A} + \widehat{B}\right)$, ou encore
$\widehat{C} = 180° - \left(58° + 82°\right)$. Conclusion : $\widehat{C} = 40°$.
</td>
<td>
Commentaire
Le théorème doit être énoncé avec précision.
Mettre en évidence le résultat.
</td>
</tr>
</table>

9. UTILISER LA PROPRIÉTÉ DIRECTE OU SA RÉCIPROQUE

Exemple de la propriété de Pythagore

La même démarche peut être effectuée à partir de la propriété de Thalès.

Les conseils clés

▶ **Savoir les propriétés suivantes :**

- Propriété de Pythagore

Si ABC est un triangle rectangle en A, alors $AB^2 + AC^2 = BC^2$.

- Réciproque de la propriété de Pythagore

Si dans un triangle ABC on a $AB^2 + AC^2 = BC^2$, alors le triangle ABC est rectangle en A.

▶ **Pour éviter toute confusion :**

Bien distinguer l'hypothèse (ce que l'on sait dès le départ ou ce qui est indiqué dans l'énoncé ou ce que l'on a déjà démontré) de la conclusion (ce que l'on veut démontrer).

Les exemples commentés

Énoncé Soit un triangle ABC rectangle en A. On donne AB = 4,8 et AC = 6,4. Calculer BC. **Solution** Puisque le triangle ABC est rectangle en A, alors la propriété de Pythagore permet d'affirmer que $BC^2 = AB^2 + AC^2$, soit $BC^2 = (4,8)^2 + (6,4)^2$. $BC^2 = 23,04 + 40,96$ ou encore $BC^2 = 64$. Alors $BC = \sqrt{64}$ donc BC = 8.	**Commentaire** Par hypothèse, le triangle est rectangle (cela est indiqué dans l'énoncé). On peut donc appliquer la propriété de Pythagore.
Énoncé Soit un triangle ABC. On donne AB = 5,4, AC = 7,2 et BC = 9. Démontrer que le triangle ABC est rectangle en A. **Solution** Calculons : $AB^2 = (5,4)^2 = 29,16$ $AC^2 = (7,2)^2 = 51,84$ $BC^2 = (9)^2 = 81$. Nous remarquons que 29,16 + 51,84 = 81, donc $AB^2 + AC^2 = BC^2$. D'après la réciproque de la propriété de Pythagore, le triangle ABC est rectangle en A.	**Commentaire** Nous savons maintenant que $AB^2 + AC^2 = BC^2$ (nous venons de le démontrer). On peut donc appliquer la réciproque de la propriété de Pythagore.

10. RÉDIGER UNE DÉMONSTRATION EN GÉOMÉTRIE

Les conseils clés

▶ Connaître les grandes lignes suivantes :

• Une **démonstration** est le développement d'une **stratégie** élaborée pour aboutir au résultat demandé, en partant de ce que l'on sait.

• La **rédaction** d'une démonstration doit être **structurée**. Un **raisonnement** en mathématiques doit comprendre des **enchaînements logiques** et ne doit pas être une suite de lignes de calculs sans liens entre elles.

• Dans une démonstration, **on part toujours de ce que l'on sait** (c'est-à-dire les **hypothèses**) et on **déduit** des résultats en utilisant des théorèmes ou des propriétés démontrés ou admis en cours. **Il est indispensable de citer ces théorèmes et propriétés** en justifiant leur application. Les résultats ainsi obtenus sont ensuite utilisés pour démontrer d'autres résultats et ainsi de suite jusqu'à **l'obtention du résultat final à démontrer** (c'est-à-dire la **conclusion**).

• Remarque :
Pour répondre à une question posée, il n'existe pas en général une seule démonstration possible. Diverses stratégies, plus ou moins élégantes et rapides, peuvent être envisagées.

Un exemple commenté

Énoncé Soit un triangle quelconque ABC. On note I le milieu de [BC], G le point de [AI] tel que $AG = \frac{2}{3}AI$, et J le milieu de [AC]. **1.** Démontrer que les points B, G et J sont alignés. **2.** Soit K l'intersection des droites (CG) et (AB). Montrer que K est le milieu de [AB].	
Solution **1.** Puisque I est milieu du segment [BC], alors la droite (AI) est la médiane issue de A.	**Commentaire** Ce que l'on sait (les hypothèses). On cite le théorème que l'on utilise.
Puisque G est situé sur cette médiane et que $AG = \frac{2}{3}AI$, alors G est le centre de gravité du triangle ABC. Puisque J est milieu du segment [AC], la droite (BJ) est la médiane issue de B.	Résultats intermédiaires utiles pour la suite de la démonstration.
Le centre de gravité G du triangle ABC est situé aussi sur (BJ) et les points B, G et J sont alignés. **2.** La droite (CG) est la médiane issue de C. Elle coupe le segment [AB] en son milieu K.	La conclusion (ce que l'on voulait démontrer).

Le guide pour démontrer en géométrie

Certaines questions classiques reviennent souvent dans les exercices de géométrie.
Voici pour y répondre une liste de quelques propriétés utiles (notées P1, P2, etc.), réparties en huit thèmes clés.

Thème 1 : les points

DÉMONTRER QU'UN POINT EST LE MILIEU D'UN SEGMENT

P1	Soit un segment [AB]. Le point I situé sur [AB] et tel que IA = IB est le milieu de ce segment.
P2	Si la droite (Δ) est la médiatrice d'un segment [AB], alors le point I intersection des droites (Δ) et (AB) est le milieu du segment [AB].
P3	Si deux points A et B sont symétriques par rapport à un point O, alors O est le milieu du segment [AB].
P4	Si un quadrilatère est un parallélogramme, un rectangle, un losange ou un carré, alors ses diagonales se coupent en leur milieu.
P5	La droite qui passe par le milieu d'un côté d'un triangle et qui est parallèle à un second côté, coupe le troisième côté en son milieu.

DÉMONTRER QUE TROIS POINTS SONT ALIGNÉS

P1	Si trois points sont situés sur une même droite, alors ils sont alignés.
P2	Si l'angle $\widehat{ABC}$ mesure 180°, alors les trois points A, B et C sont alignés.
P3	Si trois points A, B et C sont tels que AC + CB = AB, alors ils sont alignés.
P4	Si un point est le milieu d'un segment, alors il est aligné avec les extrémités du segment.
P5	Si trois points sont alignés, alors leurs images par une symétrie axiale ou par une symétrie centrale sont alignées.

Thème 2 : les droites

DÉMONTRER QUE DEUX DROITES SONT PARALLÈLES

P1	Si deux droites sont parallèles à une même troisième, alors elles sont parallèles entre elles.
P2	Si deux droites sont perpendiculaires à une même troisième, alors elles sont parallèles entre elles.
P3	Utiliser la réciproque du théorème de Thalès (voir le formulaire du brevet).
P4	Si un quadrilatère est un parallélogramme, un rectangle, un losange ou un carré alors ses côtés opposés sont parallèles deux à deux.
P5	Utiliser le théorème de la droite des milieux dans un triangle (voir le formulaire du brevet).

DÉMONTRER QUE DEUX DROITES SONT PERPENDICULAIRES

P1	Si un triangle est rectangle, alors les côtés de l'angle droit sont perpendiculaires.
P2	Si deux droites sont parallèles, alors toute droite perpendiculaire à l'une est perpendiculaire à l'autre.
P3	Utiliser la réciproque du théorème de Pythagore (voir le formulaire du brevet).
P4	Si un quadrilatère est un rectangle ou un carré, alors ses côtés consécutifs sont perpendiculaires deux à deux.
P5	Si un quadrilatère est un losange ou un carré, alors ses diagonales sont perpendiculaires.

DÉMONTRER QU'UNE DROITE EST LA MÉDIATRICE D'UN SEGMENT

P1	Si une droite coupe un segment perpendiculairement en son milieu, alors cette droite est la médiatrice de ce segment.
P2	Si une droite passe par deux points distincts équidistants des extrémités d'un segment, alors cette droite est la médiatrice de ce segment
P3	Si deux points distincts A et B sont symétriques par rapport à une droite (Δ), alors la droite (Δ) est la médiatrice du segment [AB].
P4	Si dans un triangle, une droite passe par le milieu d'un côté et par le point d'intersection des médiatrices des deux autres côtés, alors cette droite est la troisième médiatrice. Le point d'intersection des trois médiatrices est le centre du cercle circonscrit à ce triangle.
P5	Si un triangle ABC est isocèle en A alors, la bissectrice de l'angle $\widehat{BAC}$, la hauteur issue de A, la médiane relative à [BC] sont confondues et sont aussi la médiatrice de [BC].

DÉMONTRER QUE, DANS UN TRIANGLE, UNE DROITE EST UNE MÉDIANE

P1	Si dans un triangle une droite passe par un sommet et par le milieu du côté opposé à ce sommet, alors cette droite est une médiane de ce triangle.
P2	Si dans un triangle une droite passe par un sommet et par le centre de gravité, alors cette droite est une médiane de ce triangle.
P3	Si un triangle ABC est isocèle en A, alors la bissectrice de l'angle $\widehat{BAC}$, la hauteur issue de A et la médiatrice de [BC] sont confondues et sont aussi la médiane relative au côté [BC].

DÉMONTRER QUE, DANS UN TRIANGLE, UNE DROITE EST UNE HAUTEUR

P1	Si dans un triangle une droite passe par un sommet et est perpendiculaire au côté opposé à ce sommet, alors cette droite est une hauteur de ce triangle.
P2	Si dans un triangle une droite passe par un sommet et par l'orthocentre, alors cette droite est une hauteur de ce triangle.
P3	Si un triangle ABC est isocèle en A, alors la bissectrice de l'angle $\widehat{BAC}$, la médiane et la médiatrice relatives au côté [BC] sont confondues et sont aussi la hauteur issue de A.

DÉMONTRER QUE, DANS UN TRIANGLE, UNE DROITE EST UNE BISSECTRICE

P1	Si une droite partage un angle en deux angles de même mesure, alors cette droite est la bissectrice de cet angle.
P2	Si une droite passe par le sommet d'un angle et par un point équidistant des côtés de cet angle, alors cette droite est la bissectrice de cet angle.
P3	Si dans un triangle une droite passe par un sommet et par le point d'intersection de deux bissectrices, alors cette droite est la troisième bissectrice de ce triangle. Le point d'intersection des trois bissectrices est le centre du cercle inscrit dans ce triangle.
P4	Si un triangle ABC est isocèle en A, alors la hauteur issue de A, la médiane et la médiatrice relatives au côté [BC] sont confondues et sont aussi la bissectrice de l'angle $\widehat{BAC}$.

Thème 3 : les segments

DÉMONTRER QUE DEUX SEGMENTS ONT LA MÊME LONGUEUR

P1	Si le point O est le milieu d'un segment [AB], alors les deux segments [OA] et [OB] ont la même longueur.
P2	Si le triangle ABC est isocèle en A, alors les segments [AB] et [AC] ont la même longueur.
P3	Les diagonales d'un parallélogramme, d'un rectangle, d'un losange ou d'un carré se coupent en leur milieu.
P4	Les diagonales d'un rectangle ou d'un carré ont la même longueur.
P5	Dans un triangle rectangle, la médiane relative à l'hypoténuse est égale à la moitié de l'hypoténuse.

Thème 4 : les triangles

DÉMONTRER QU'UN TRIANGLE EST RECTANGLE

P1	Si un triangle possède deux côtés perpendiculaires, alors c'est un triangle rectangle.
P2	Si un triangle possède un angle mesurant 90°, alors c'est un triangle rectangle.
P3	Si un triangle est inscrit dans un cercle de diamètre un de ses côtés, alors ce triangle est rectangle et le diamètre est son hypoténuse.
P4	Si dans un triangle la médiane relative à un côté mesure la moitié de ce côté, alors ce triangle est rectangle.
P5	Utiliser la réciproque du théorème de Pythagore (voir le formulaire du brevet).

DÉMONTRER QU'UN TRIANGLE EST ISOCÈLE

P1	Si un triangle possède deux côtés de même mesure, alors ce triangle est isocèle.
P2	Si un triangle possède deux angles de même mesure, alors ce triangle est isocèle.
P3	Si dans un triangle ABC, la médiane issue de A est confondue avec la médiatrice du segment [BC] ou avec la hauteur issue de A ou avec la bissectrice de l'angle $\widehat{BAC}$, alors le triangle est isocèle en A.
P4	Si dans un triangle ABC la hauteur issue de A est confondue avec la médiatrice du segment [BC] ou avec la médiane issue de A ou avec la bissectrice de l'angle $\widehat{BAC}$, alors le triangle est isocèle en A.
P5	Si dans un triangle ABC la bissectrice de l'angle $\widehat{BAC}$, est confondue avec la médiatrice du segment [BC] ou avec la médiane issue de A ou avec la hauteur issue de A, alors le triangle est isocèle en A.

DÉMONTRER QU'UN TRIANGLE EST ÉQUILATÉRAL

P1	Si les trois côtés d'un triangle ont la même mesure, alors ce triangle est équilatéral.
P2	Si les trois angles d'un triangle ont la même mesure, alors ce triangle est équilatéral.
P3	Si un triangle possède deux angles mesurant chacun 60°, alors ce triangle est équilatéral.
P4	Si un triangle isocèle possède un angle mesurant 60°, alors ce triangle est équilatéral.
P5	Si un triangle possède trois axes de symétrie, alors ce triangle est équilatéral.

Thème 5 : les quadrilatères (non croisés)

DÉMONTRER QU'UN QUADRILATÈRE EST UN PARALLÉLOGRAMME

P1	Si un quadrilatère possède ses côtés opposés parallèles deux à deux, alors c'est un parallélogramme.
P2	Si un quadrilatère possède deux côtés opposés parallèles et de même longueur, alors c'est un parallélogramme.
P3	Si un quadrilatère possède ses côtés opposés deux à deux de même longueur, alors c'est un parallélogramme.
P4	Si un quadrilatère possède des diagonales qui se coupent en leur milieu, alors c'est un parallélogramme.
P5	Si les angles opposés d'un quadrilatère ont la même mesure, alors ce quadrilatère est un parallélogramme.

DÉMONTRER QU'UN QUADRILATÈRE EST UN RECTANGLE

P1	Si un quadrilatère est un parallélogramme possédant un angle droit, alors c'est un rectangle.
P2	Si un quadrilatère est un parallélogramme dont les diagonales ont même longueur, alors c'est un rectangle.
P3	Si un quadrilatère possède trois angles droits, alors c'est un rectangle.
P4	Si un quadrilatère possède des diagonales de même longueur se coupant en leur milieu, alors c'est un rectangle.

DÉMONTRER QU'UN QUADRILATÈRE EST UN LOSANGE

P1	Si un quadrilatère est un parallélogramme ayant deux côtés consécutifs de même longueur, alors c'est un losange.
P2	Si les quatre côtés d'un quadrilatère ont la même longueur, alors ce quadrilatère est un losange.

P3	Si un quadrilatère possède des diagonales qui se coupent perpendiculairement en leur milieu, alors c'est un losange.
P4	Si un quadrilatère est un parallélogramme dont les diagonales sont perpendiculaires, alors c'est un losange.

DÉMONTRER QU'UN QUADRILATÈRE EST UN CARRÉ

P1	Si un quadrilatère possède des diagonales de même longueur et qui se coupent perpendiculairement en leur milieu, alors ce quadrilatère est un carré.
P2	Si un quadrilatère est à la fois un rectangle et un losange, alors c'est un carré.
P3	Si un parallélogramme possède un angle droit et 2 côtés consécutifs de même longueur, alors c'est un carré.
P4	Si un parallélogramme a ses diagonales perpendiculaires et de même longueur, alors c'est un carré.
P5	Si un rectangle possède deux côtés consécutifs de même longueur, alors c'est un carré.

DÉMONTRER QU'UN QUADRILATÈRE EST UN TRAPÈZE

P1	Si un quadrilatère possède deux côtés opposés parallèles, alors c'est un trapèze.
P2	Si un quadrilatère est un trapèze dont les deux côtés non parallèles ont la même longueur, alors c'est un trapèze **isocèle**.
P3	Si un quadrilatère est un trapèze dont deux côtés consécutifs sont perpendiculaires, alors c'est un trapèze **rectangle**.

Thème 6 : les angles

DÉMONTRER QUE DEUX ANGLES ONT LA MÊME MESURE

P1	Si deux angles inscrits dans un cercle interceptent le même arc, alors ils ont la même mesure.
P2	Si, dans un cercle, un angle inscrit et un angle au centre interceptent le même arc, alors la mesure de l'angle inscrit est égale à la moitié de celle de l'angle au centre. *N.B. : cette propriété est très utile pour calculer la mesure d'un angle.*
P3	Les symétries, les agrandissements, les réductions conservent les angles.
P4	Les angles opposés par le sommet, les angles alternes internes, les angles correspondants ont la même mesure.
P5	La somme des mesures des trois angles d'un triangle est égale à 180°.

Thème 7 : les cercles

DÉMONTRER QUE DES POINTS SONT SITUÉS SUR UN MÊME CERCLE

P1	Si plusieurs points sont cocycliques, alors ils sont situés sur un même cercle.
P2	Si OA = OB = OC, alors les trois points A, B et C sont sur un même cercle de centre O.
P3	Soit un triangle ABC rectangle en A. Les points A, B et C sont sur un même cercle de diamètre [BC].
P4	Trois points non alignés sont toujours situés sur un même cercle. Il s'agit du cercle circonscrit au triangle formé par les trois points.
P5	Si les triangles CAB et CDB sont rectangles respectivement en A et en D, alors les quatre points A, B, D, C sont sur un même cercle de diamètre [BC].

DÉMONTRER QU'UNE DROITE EST TANGENTE À UN CERCLE

P1	Si une droite et un cercle ont un et un seul point commun, alors la droite est tangente au cercle en ce point.
P2	Soit un cercle de centre O et A un point de ce cercle. La droite (Δ) passant par le point A et perpendiculaire au rayon [OA] est appelée tangente au cercle en A. OA est la distance du point O à la droite (Δ).

Thème 8 : la trigonométrie

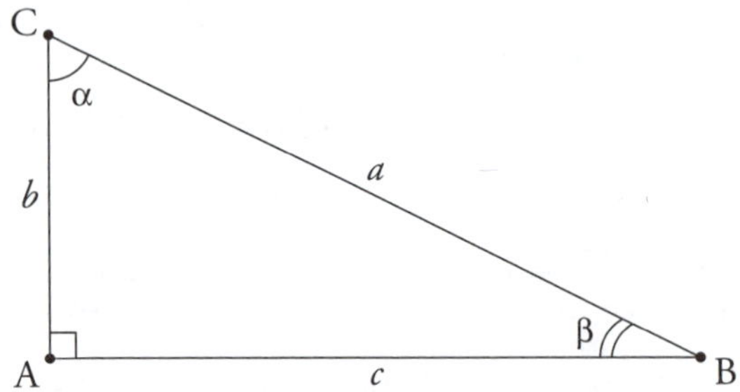

CALCULER LA MESURE DES CÔTÉS D'UN TRIANGLE RECTANGLE

P1	Si l'on connaît la mesure de deux côtés, alors le théorème de Pythagore permet de calculer la mesure du troisième côté.
P2	Si l'on connaît α et *c*, alors : • le calcul de sin α permet d'obtenir *a* ; • le calcul de tan α permet d'obtenir *b*.
P3	Si l'on connaît α et *b*, alors : • le calcul de cos α permet d'obtenir *a* ; • le calcul de tan α permet d'obtenir *c*.
P4	Si l'on connaît α et *a*, alors : • le calcul de cos α permet d'obtenir *b* ; • le calcul de sin α permet d'obtenir *c*.

CALCULER LA MESURE DES ANGLES AIGUS D'UN TRIANGLE RECTANGLE

P1	Si l'on connaît la mesure α d'un des angles aigus d'un triangle rectangle, alors la mesure de l'autre angle aigu est $\beta = 90° - \alpha$.
P2	Si l'on connaît *a* et *b*, alors : • le calcul de cos α permet d'obtenir α ; • $\beta = 90° - \alpha$.
P3	Si l'on connaît *a* et *c*, alors : • le calcul de sin α permet d'obtenir α ; • $\beta = 90° - \alpha$.
P4	Si l'on connaît *b* et *c*, alors : • le calcul de tan α permet d'obtenir α ; • $\beta = 90° - \alpha$.